知识就在得到

境界

吴军 /著

新 星 出 版 社　NEW STAR PRESS

目录
CONTENTS

前言 / 001

1
了解自己和世界

我们如何知道自己所见非虚 / 009

我们为何能对客观世界作出准确判断 / 018

如何审视自己和他人 / 035

我们何以能够认识世界、获得新知 / 051

我们有灵魂吗 / 062

自我的边界在哪里 / 074

吠陀文化给我们什么启示 / 085

伊壁鸠鲁学派宣扬的是纸醉金迷的享乐吗 / 093

人如何依据本性过理性的生活 / 101

2

通过理性思考获得新知

我们该选择理性还是经验 / 119

理性主义思维究竟是什么 / 124

何为逻辑的预见性 / 135

有没有系统发现真理的方法 / 141

充分性推理：凡事有果必有因吗 / 153

理性主义者也会信仰上帝吗 / 167

牛顿如何开启了西方近代社会 / 175

为什么理性主义不是万能的 / 183

3

什么是有用的经验

经验靠得住吗 / 197

经验主义思维究竟是什么 / 207

何时使用经验，何时相信理性 / 224

经验主义对社会有何影响 / 239

经验主义传统如何塑造了英美特殊性 / 254

4

超越庸常生活，成为"更高的人"

如何理解尼采的思想 / 265

"上帝死了"，人该怎么办 / 277

主人道德和奴隶道德是什么 / 285

如何成为尼采所说的"超人" / 290

5

世界的本源是行为

维特根斯坦的哲学有何突破 / 303

语言的极限就是世界的极限吗 / 310

哲学"终结"了吗 / 319

后记 / 331

前　言

　　说到境界，大家不免会问一个问题，什么是境界？很多人觉得这个概念比较虚，又比较宽泛，似乎怎么解释都可以，而想要提高境界又不知道从何处下手。其实，境界并不抽象，提高境界也不难，它有规律可循。

　　讲到境界的本质，我首先会想到多年前看过的葛优先生主演的一部电影《大腕》。影片中的男主角通过扔几块石头，向女主角解释什么是境界。他先把一块小石头扔到脚边不远处，再扔一块石头到远一点的地方，最后使足气力，把石头扔得老远。然后，男主角指着三块石头讲，你能看这么远，我看得比你远，大师看得比我远，这就是境界。最后，男主角又补充道，佛看得无限远，意思是说，佛的境界最高。这个比喻很直白，却多少有些道理，因为境界高的第一个表现就是看得远。

　　根据《说文解字·新附》[1]对"境"字的解释，它是疆域的意思。界很好理解，是边界的意思。一个人对世界、对人心、对历史和现实看得多远，就构成了这个人境界的第一层。有些人只能看到眼前发生的事情，有的人能够预知未来，境界孰低孰高，就不言而喻了。

　　境界的第二个层次是看得透。对于当下发生的事情，大家都看得见，但是有人看得透，有人看不透。境界的高下就立判了。我从上个世纪末开始，经历了世界经济的几次起伏周期，以及随之而来的金融市场的几次震荡。在这个过程中，我有幸见证各种人对当时发生的事情的看法、态度和做法。20世纪90年代末，我们赶上了互联网的高速发展。几乎所有人看到的都是当时欣欣向荣的景象，很少有人能看透表象下的危机，随便一只股票不问价值就敢投资。唯有巴菲特对泡沫化的互联网不以为然，大家都嘲笑他老了，跟不上形势了。随后很快就是互联网泡沫的崩溃，于是绝大部分人的看法又来了一百八十度大转弯，不再敢碰股票了。这时，巴菲特反而认定，真正好的资产并不因为股票的价格下降就失去了内在的价值，最后事实证

1　宋太宗雍熙年间，徐铉奉诏与句中正等人共同校订《说文解字》一书，纠正讹误，新增四百〇二字。这些字被称为"新附字"，"境"字在其中。书中讲"境：疆也"。

明他是对的。到了 2008 年全球金融危机时，绝大部分人觉得世界经济要完蛋了，不计损失地抛售各种资产，但巴菲特却在别人恐慌的时候显示出他的"贪婪"，大量购进优质资产。事实证明他又是对的。在此后的全球疫情期间，情况也大抵如此。今天，绝大部分人看到的世界和巴菲特是一样的，获得的信息一点不比他少，但是对金融市场就是看不透。在这些看不透的人中，有无数的聪明人，无数世界名校的毕业生，无数在市场上跌打滚爬了多年的老兵。但是，他们对于当下和未来依然看不透，这不是智力和学识的问题，是境界的问题。

境界的第三个层次是要看得开。但凡要做成一些常人做不成的大事，就要有所舍弃，就要放下心中的一些魔障。简单地讲，就要看得开。当代社会有两个大问题，第一个问题就是很多人对身边的事看不开。家长会因为孩子们一两次考试没考好着急上火；年轻人会因为自己的工作没有得到上级的肯定从此心灰意冷；商人们会因为失去了一笔生意长期闷闷不乐；运动员们会因为一两次输掉比赛变得怯场。第二个问题是很多人太把自己当回事，其实世界上离开了谁都照样转。艺术家英若诚曾讲过自己的一个经历。他生长在一个大家庭中，每次吃饭都是几十个人一起吃。有一次，他突发奇想，要和大家开个玩笑。吃饭前，他藏到了一个不起眼的柜子中，想等到大家到处找不到自己着急时再出来。但结果却是，大家谁也没有注意到他的缺席，吃完饭就各自离开了。最后他无趣地走出来，只能吃一些剩菜剩饭。

今天人们的生活环境比一百年前好很多，更不要说和古代相比了。但是看不开的人不仅没有减少，似乎还在增加，大家不妨看看身边的人，就不难发现我所言非虚。

但凡一个人能做到看得远，看得透，看得开，他的生活就不会差，他的事业也必将蒸蒸日上。反之，一个看不远，看不透，看不开的人，即便是腰缠万贯，学富五车，拥有无限的资源，也未必过得幸福，未必能做成大事。换句话说，境界比学识、财富和资源更重要。

那么如何提高境界呢？我其实没有答案，但是我知道，人类历史上境界最高的一群人是创造了人类知识和智慧的先哲们。他们穷其一生探究做人的真谛、理解世界的方法、获取知识的途径，以及超越自我的修行。他们的智慧，经历了成百上千年无数人的验证，证明对我们是有益的，有用的，有效的。因此，我将这些先贤们介绍给大家，让大家呼吸他们的气息，相信会对每一个努力提高自己境界的人大有裨益。当然，他们的思想博大精深，而我的水平又很有限，因此我只能将那些我理解得还算透彻，并且在我身上应验过的思想和智慧介绍给大家。我的这本小册子《境界》，只能算是一个入门的读物和心得的分享。希望它能够给大家打开一扇门，让大家看到一个由哲人组成，充满智慧的世界。

几十年前，我读了那些充满人生智慧的经典著作后，对世界和自我的看法有了巨大的改变，并且随后一直在用那些先贤的智慧指导我做事情。我很庆幸自己在过去的几十年里能够不断进步，这要感谢从他们身上获得的智慧。当然在这几十年里，我对他们的思想理解的也更加深刻了。我相信大家在接受了先贤们的智慧之后，会变成一个境界更高的人。

1

了解自己和世界

一个人见识的高低取决于他对这个世界的了解程度，以及他做出合理判断的能力——所见的多少决定了"见"的程度，而判断力就是"识"的水平。一个人的境界取决于他内心取舍的门道。

大千世界精彩纷呈，但是人的眼睛盯在哪里，被什么样的人感动，就可能会成为什么样的人。如果一个人的眼睛盯在知识上，那他即便不能成为学者，至少也不会成为一个无知的人。相反，如果一个人的眼睛里只有钱，那他一定成不了学者。如果一个人心里装着他人，那他即便不能成为圣贤，也会成为一个善人。但是，如果一个人心里只有自己，那他一定不会成为圣贤。当然，最后的一切在于行动。眼睛盯着正确的方向，有了获得新知的工具，还需要亲自去触碰这个世界。

这些智慧，早在轴心文明时代，那些先贤就知道了。当一个人为那些先贤的思想所感动时，他大概率能成为有智慧、有境界的人。所以，我们不妨先听听古希腊的先贤怎么说。

我们如何知道自己
所见非虚

如果一个人只生活在很小的世界，没有见过多少世面，自然谈不上见识。但是，如果我们见到了一些事情，看到了世界，怎么知道自己所见非虚呢？对于这个问题，无论是东方的孔子还是西方的柏拉图，都有过深刻的思考。

《吕氏春秋》中讲了这样一个故事：

孔子穷乎陈、蔡之间，藜羹不糁，七日不尝粒。昼寝。颜回索米，得而爨之，几熟，孔子望见颜回攫其甑中而食之。选间，食熟，谒孔子而进食。孔子佯为不见之。孔子起曰："今者梦见先君，食洁而后馈。"颜回对曰："不可。向者煤炱入甑中，弃食不祥，回攫而饭之。"孔子叹曰："所信者目也，而目犹不可信；所恃者心也，而心犹不足恃。弟子记之：知人固不易矣。"故知非难也，所以知人难也。[1]

这是什么意思呢？孔子周游列国时，被困在陈国和蔡国之间，七天都吃不上饭，只能喝些野菜汤。白天，孔子正在休息，弟子颜回出去讨米，讨到米回来就煮饭。米饭快煮熟的时候，孔子看见颜回用手抓锅里的米饭吃。过了一会儿，饭熟了，颜回请孔子吃饭。孔子假装没看见颜回刚才抓饭吃的事情，他坐起来说："刚刚我梦见了我父亲，这锅米饭还没动过，我们先拿来供奉一下先人，然后再吃吧。"颜回答道："不行。刚刚煮饭时有煤灰掉进了锅里，我把弄脏的饭抓了出来，但是丢掉粮食不吉利，我就自己吃了。"孔子感叹道："都说眼见为实，但眼见不一定为实；都说我们可以依靠自己的内心作出判断，但内心往往也会欺骗自己。弟子们要记住，了解一个人是很不容易的。"所以，了解一件事情的真相并不像我们想象的那么容易，而了解人性的本质就更难了。

无独有偶，古希腊先哲柏拉图对这个问题也进行过深刻的思考。在《理想国》第七卷中，他借苏格拉底之口讲了这样一个故事。

1　张双棣译注：《吕氏春秋译注》，北京大学出版社 2011 年版。

在一个很长的洞穴里，有一群人面壁而坐，他们的双腿和脖子都被捆住，不能移动也不能扭头。他们的背后是一条马路，马路上车水马龙，喧嚣热闹。马路的另一边是燃烧的大火，火光把马路上的情景和这一排人的影子投到了岩石墙壁上。这些人能看到自己的影子，以及马路上来往穿行的人、车和骡马的影子，也能听到各种声音，因此感觉非常真实。这就是他们理解的世界——墙上黑色的影子和嘈杂的声音。如果问他们人长什么样，我想他们肯定会说，所有人都是黑色的，因为他们理解的人都是一些黑影。

后来，有一个人因为某种原因挣脱了束缚，沿着路走出了洞穴。他看到了"真实的"世界，见到了阳光，听到了鸟语，闻到了花香，在湖水中看到了自己的样子，这才知道原来人不是黑色的。他赶快跑回去把这个情况告诉大家。当他从光亮处再次进入黑暗的洞穴，他什么都看不清，只能大声说出自己看到的一切。但是没有人相信他，因为对洞穴里的人来说，他们看到的影像就是最真实、最鲜活的，有声音，有动感；这个从洞穴外回来的人说的东西反而像是幻象。

柏拉图通过这个故事告诉我们，在追求真理的过程中可能会遇到什么样的误区。

第一次听到这个故事时，很多人会觉得它是《庄子·秋水》

中那个井底之蛙故事的希腊版，但其实他们讲的完全是两回事。庄子讲的故事涉及的是大和小、局部和整体等辩证关系。他想告诉我们，当你没有感知到一个世界的时候，你是想象不到它的样子的。柏拉图的洞穴隐喻涉及的则是真实与影像的区别，是求真过程中的误区。他是要告诉我们，我们的感知可能在欺骗我们，我们看到的世界可能只是幻象——既然洞穴里的人不能证明自己的所见所闻不是幻象，那跑出洞穴的人又如何证明自己的所见所闻就一定是真实的呢？

要解决庄子提出的问题，我们需要行万里路，多了解外部世界，积累经验。要解决柏拉图提出的问题则要困难许多。不过，对于这个问题，柏拉图其实是给出了答案的，那就是去上学，接受教育，跟别人讨论，通过别人的经验和感受来帮我们验证自己的感受是否准确，自己所了解的世界是否真实。事实上，柏拉图讲这个故事就是为了回答人为什么要上学接受教育。

在过去很长的时间里，我一直在思考一个问题——为什么自学的效果通常比不上在学校接受系统教育的效果？根据我的经验以及我对别人学习的观察，自学一个知识点尚可，自学一门全新的课程则很难。但这又是为什么呢？教科书都是一样的，老师讲的内容和教科书上写的也是相同的，为什么自学的效果不好呢？柏拉图给了我答案。原来，自学很难验证我们的理解是否正确，而上学的优势不在于讲台上站了一个人，而在于周围有一群人帮我们验证自己掌握的知识是否正确。学校有一整套方式检验我们是否把该学的内容学懂了。无论是做练习还是参加考试，都是为了这个目的。

我在约翰·霍普金斯大学读书时发现了一个现象：如果研究生的哪门课程看书也能学会，通常选这门课的人就很少，因为大家可以自己学；学生们喜欢选的课程，通常都有很多课堂讨论，需要同学们在一起解决问题，因为只有经过讨论，才能得到所谓的真知。

我每次在得到 App 的专栏《硅谷来信》中讲到有关教育的话题，都会引起大家热烈的讨论，因为对中国的家长、学生和老师来讲，教育是一个永恒的话题。但是，如果问大家教育的目的何在，不管他们在公开场合谈论多么高尚的理由，私下里其实大部分人都搞不清楚。现实一点的人会说无非是为了找份好工作，有野心的人还会加上一条——实现阶层跃迁。当然，还有人会说是家长、老师逼着他们学，或者教育法规定他们必须去学校，等等。在所有的答案中，我必须讲，柏拉图给出的是我听过的最好的一个，因为检验自己经验的真实性真的很重要，而教育教会了我们这一点。不仅在学习知识时我们需要检验知识的真实性，以及我们的理解是否正确，在生活的方方面面，我们都必须有方法来检验自己的感知和认识是真是假。而验证的方法，既可以是一些客观的标准，也可以是他人的感受，毕竟很多感受并不能用客观标准来检验。

谈过恋爱的人可能都有过这样一种感受——不知道怎样判断对方是否真的爱自己。你可能会说，谈恋爱是一种体验，我感觉到她（他）爱我，因为我们在一起时很快乐，不在一起时又会彼此思念，等等。但是，某天对方跟一个异性朋友去吃了顿饭，你可能就没那么淡定了，你开始忐忑，甚至开始担心别人会横刀夺爱。这说明你其实并不完全相信靠自己感受所得到的答案就是准确的。根据自己的体验所获得的感受都是如此，对方说的甜言蜜语，你就更难判断真假了。

此外，你是否爱对方，也是一个无法靠感受回答的问题。你可能一方面在享受两人世界的美好感觉，另一方面也为失去了一些自由而苦恼，因此你有时可能会忙于自己的事情而不顾及对方的感受。这样一来，即便你觉得自己真的很爱对方，而且确实爱得非常上心，在旁人看来也并非如此。

在现实中，绝大部分人最终都解决了这几个问题。那究竟是怎么解决的？他们不是靠自己苦思冥想作出理性判断，也不是靠感情打动对方，让对方言行一致，更不是靠偷看对方的手机去了解其更多信息或内心的真实想法，而是通过他人和其他事情来验证自己的经验以得到答案。比如，你去问对方的闺蜜、自己的好友，或者对方的亲人，如果得到的回答都是对方爱你，你就踏实多了。再比如，你也可以去看对方如何对待他人，在遇到矛盾，特别是当你和他（她）的利益发生冲突时如何处理，就能验证你的经验是否可信了。

在西方，无论是求职还是求学，那种客观且能够量化的衡量标准，比如考试成绩或者名次，通常只是衡量一个人是否合格的诸多标准之一。它不仅不是唯一的，甚至不是最重要的。相比之下，推荐信则重要得多。而学校和单位看重推荐信，跟我们从朋友、闺蜜口中了解一个人是同样的道理。

柏拉图可以说是西方哲学史上第一位系统论述哲学问题的哲学家。他的老师苏格拉底虽然所生活的时间更早，但是其理论缺乏完整性。更重要的是，苏格拉底本人没有留下任何著作，他的思想大多是通过柏拉图转述的，因此很难判断有多少想法是苏格拉底自己的，有多少是柏拉图借老师之口说的。古希腊的哲学，从苏格拉底和柏拉图开始就与早期的哲学分道扬镳了。人类早期的哲学，都是从人所面对的世界，从自然现象和宇宙运动出发，思考世界变化的基础，通常以朴素的神话方式表达出来。苏格拉底和柏拉图则不同，他们不在意自然现象和自然的问题，而是探讨人最在乎的是什么事情，比如人是如何感知世界、获得知识的。

柏拉图发现，人在认识世界时，会表现出一种在哲学上被称为矛盾（ambivalence）的现象。虽然通常被译为"矛盾"，但它的含义其实更广一些。但凡没有明确是与非的答案，伴随着两种不同甚至是对立内涵的感觉和想法，都属于它的范畴。比如，恋爱中的人对于爱与不爱的感受，对于对方甜言蜜语的将信将疑，都属于它的范畴。我们想要消除自己对世界含糊不清，甚至矛盾的看法，就需要和别人讨论，因为别人会有与我们不同的经验和感受。在讨论、对比之后，我们要用理性来思考，而不是根据自己的好恶作判断。

讨论问题有两个前提：第一，大家都愿意说出自己真实的感受；第二，大家都愿意在共同的基础上谈论同一件事。如果不能满足这两个前提，讨论就没有意义。或者说，那样的讨论不成其为讨论。

先来看第一点。让大家说出真实的感受不是一件容易的事情，因为这常常是一件吃力不讨好的事情。曾国藩曾经跟他弟弟讲，人需要至诚，对方才会说实话。生活中的事大抵如此。在讨论时，很多人讲的不是自己的想法，而是自己猜测的可能正确的想法。如果大家都这么做，就会产生系统性偏差。结果是，即使我们的认知是错的，也发现不了。更可怕的是，我们还会以为自己的认知得到了验证。

再来看第二点。如果缺乏讨论的基础，讨论是不会有结果的。因为在这种情况下，往往看似各种意见都收集到了，但它们却只是对不同问题的阐述，起不到彼此验证的作用。

任何人要想增长见识，除了不断获得新的经验，不断通过理性的思考和讨论去验证，别无他法。苏格拉底讲，未经审视的生活是不值得过的；柏拉图则主张，没有经过验证的经验是靠不住的。他们说的其实是同样的道理。验证真理离不开讨论，苏格拉底一生的治学方式就是启发和讨论。不独古希腊先贤是这么做的，东方伟大的思想家孔子教育弟子的方式也是类似的。《论语》中记载了很多孔子和学生的对话，他也是以讨论的方式传授知识。很多人问我什么是好的学习方法，其实这些先哲已经告诉了我们，那就是通过讨论验证真理。

延伸阅读

［古希腊］柏拉图：《理想国》

庄子：《庄子》

［瑞士］让·皮亚杰：《教育科学与儿童心理学》

我们为何能对客观世界
作出准确判断

柏拉图说通过讨论可以验证我们对世界的看法及知识是否正确。这种理论的成立其实需要具备一个前提，那就是不同人对同一事物的看法具有共性。比如，我们说糖是甜的，即便对这种甜味的程度每个人感受不同，但大家都认可这是一种让人感觉愉悦的味道，从生理上讲会让感觉神经兴奋，与苦的味道相反。如果张三感觉到的甜味实际上是李四感觉到的酸味，是王五感觉到的咸味，那对甜味的讨论就没有意义了。类似的，人能够理解对方的想法和行为，需要彼此的本性是相似的。正如《三字经》里所说的，人是"习相远"，但"性相近"的。但是，这个前提成立吗？

我们能理解他人并作出准确判断吗

大约在柏拉图生活的年代[1]，中国的两位哲学家庄子和惠子就这个问题进行了一场辩论，具体内容被记录在了《庄子·秋水》中。由于辩论的地点在濠水的桥梁上，因此这场辩论也被称为"濠梁之辩"。

> 庄子与惠子游于濠梁之上。庄子曰："儵鱼出游从容，是鱼之乐也。"
>
> 惠子曰："子非鱼，安知鱼之乐？"
>
> 庄子曰："子非我，安知我不知鱼之乐？"
>
> 惠子曰："我非子，固不知子矣；子固非鱼也，子之不知鱼之乐，全矣！"
>
> 庄子曰："请循其本。子曰'汝安知鱼乐'云者，既已知吾知之而问我。我知之濠上也。"[2]

这段文字有点拗口，翻译成白话，大致意思如下：

---

1 柏拉图生活在约公元前429—前347年，庄子生活在约公元前369—前286年。庄子比柏拉图小60岁，但他们生活的时代在时间上有交集。
2 陈鼓应译注：《庄子》，中华书局2016年版。

　　庄子和惠子出游，到了濠水的桥梁上。庄子说："鲦鱼自在地游来游去，这就是鱼的快乐啊！"

　　惠子说："你不是鱼，怎么知道鱼的快乐呢？"

　　庄子说："你不是我，又怎么知道我不知道鱼的快乐？"

　　惠子说："正因为我不是你，所以不知道你的想法和感受；同样，你不是鱼，也不可能完全了解鱼是否快乐。"

　　庄子说："不要把话题扯远，请回到原来的问题上。你问'你怎么知道鱼的快乐'这句话，表示你已经承认我知道鱼快乐这个事实，才会有此问。我是在濠水上（观察后）知道的。"

　　这个故事很有名，反映了中国古代哲学家对人类认知能力的思考。两千多年以来，在这个问题上，支持庄子的和支持惠子的人都一直存在。惠子认为，不同个体之间是不可知的，庄子则认为可知。公平地讲，惠子的话似乎更符合常识和经验——我们不是他人，因而未必能体会他人的感受和想法。但是，惠子的话里有三个逻辑谬误，都被庄子指出来了。

　　第一个逻辑谬误是不当对比。在生活中，每一个个体都是不同的，不能随便类比。比如，现实中确实存在惠子理解他人和世界的能力不如庄子的可能性，因此惠子不能理解鱼的快乐，不等于庄子就不能理解。同样，你可能不了解某种鱼类，但不等于一个生物学家也不了解。

第二个逻辑谬误是转移话题。庄子讲的是，人是否有可能了解鱼的感受；惠子讲的是自己不了解庄子的感受，这其实是两回事，庄子发现这个问题，因此就把讨论的话题拉了回来。

第三个逻辑谬误是自相矛盾。既然惠子问"怎么知道鱼的快乐"这件事，就说明他已经默认"知道鱼的快乐"这件事存在了。这就好比你询问一个人是怎样挣到钱的，这个问题本身就蕴含了对方已经挣到钱这个事实，否则这个问题在逻辑上就不能成立。庄子也指出了这一点。

当然，在现实生活中，没有人会像哲学家那样去钻牛角尖。但是很多现实问题依然在庄子和惠子争论的范围内，特别是在"我们能否理解他人""我们能否对世界作出准确判断"这两个问题上。

先说对他人的理解。我们都知道十几岁的孩子容易叛逆，世界各国都是如此。但是同样一个孩子，成年之后就不再叛逆了，这是为什么？我们常常把这种现象简单地归结于孩子在青春期还不懂事，成年后就懂事了。那么什么是懂事呢？其实，懂事就是指具有理解他人的能力。今天，心理学家和教育学家已经发现，12~18 岁的孩子在这方面的能力还没有发育好。他们常常会觉得自己已经长大了，有自己的想法了，但他们的看法常常很幼稚。他们的父母根据生活经验，常常会对世界有不同的看法。由于孩子不具有理解父母的能力，因此经常会和父母起冲突。等到 18 岁后，孩子们的心智会变得成熟，有些人慢慢变得能够理解他人了，也就显得不叛逆了。但有些人心智永远成熟不起来，很多人已经为人父母了，依然不具备理解他人的能力。这样的父母，和青春期的孩子在一起，吵架是在所难免的。

再说对事物的判断。人是否有能力准确感知外界事物，作出准确判断，至少在某些方面作出准确判断呢？今天很多人对此依然持怀疑态度。比如，很多人会列举经济学家无法准确判断经济形势，导致经济危机发生的例子，或者战场上的指挥官或经济活动中的企业家误判形势导致惨败的例子。还有很多人会想到，第二次世界大战期间，德国和日本举国上下误判形势的例子。难道这些不正说明人作出准确判断的能力很差吗？

正是因为作为认知主体的我们，要对外部世界作出判断非常困难，苏格拉底才会说出那句非常谦虚的话——"我唯一知道的就是我一无所知。"也正是因为如此，柏拉图才会一直纠结于人是否具有这种能力，以至于罗马帝国后期的哲学家把柏拉图的学说发展成了怀疑主义。但是，有一位哲学家明确地告诉我们，我们能够感知他人，能够准确了解外部世界。这个人就是亚里士多德。

亚里士多德的思想

说起亚里士多德，大家应该都不陌生。不过，很多人对亚里士多德有误解，因为第一次认识他是在小学讲伽利略自由落体实验的课文里。亚里士多德说重的球会比轻的球先落地，结果被伽利略的实验否定了。看上去，亚里士多德好像不过是个犯了错误的古代学者。但这其实是我们今天站在上帝的视角去评判古人。实际上，亚里士多德非常伟大，他是古希腊哲学乃至世界哲学史上划时代的人物，是古希腊哲学的集大成者。如果存在外星人，他们要求地球人提名一位全才学者，我想，这个人应该就是亚里士多德。

亚里士多德在当时人类几乎所有的知识领域都有所贡献。他一生做了大量自然科学的研究，涉足的领域包括植物学、动物学、物理学、化学，等等。

对于这么多学科，亚里士多德把它们分为两大类。研究事物形态的学科，包括今天各个自然科学的分支，被统称为物理学。很显然，亚里士多德所说的物理学的范围远超今天的物理学。对于自然科学之上的知识，亚里士多德称为形而上学（metaphysics）。metaphysics 这个词由两部分组成，meta 表示超越、在某个事物之后，physics 表示物理学。因此，形而上学就是各具体学科之上的学问，包括今天所说的哲学等。

为了有效地认识世界、研究学问、发现新知，我们需要工具。亚里士多德把各种方法都放在了《工具论》一书中，其中最重要的是逻辑学。亚里士多德之于逻辑学，就如同欧几里得之于几何学，牛顿之于物理学。古典逻辑学的主要成就，比如我们常用的三段论这种推理工具，都是亚里士多德总结出来的。在所有学科中，亚里士多德把逻辑学放在最底层的位置，称之为第一科学（First Science），因为它是其他所有学科都要用到的工具。当然，亚里士多德所说的"科学"的概念也不是指今天的科学，而是泛指学问。此外，亚里士多德对美学、政治学和伦理学等很多学科也都有重要贡献。

亚里士多德写了大约 200 部著作，但只有 31 部流传了下来。我可以很有信心地讲，**当一个人真正了解了亚里士多德为什么了不起，并且从内心钦佩亚里士多德时，他离有知识、有智慧就不远了。**

拉斐尔 [1] 在他的名画《雅典学院》（见图 1-1）中，让亚里士多德与其老师柏拉图一起站在画面最中央，并肩而行。这既是为了显示亚里士多德在学术史上的地位，也是为了说明他和柏

---

1 拉斐尔·圣齐奥，意大利画家、建筑师。"文艺复兴三杰"之一，画作风格以秀美著称。

拉图所代表的研究哲学的基本方法的不同。柏拉图手指向天空，表示他强调世界的本源是理念，他所关注的重点是现实世界中各种特定的具体的对象。亚里士多德手指向地面，喻示他所关注的是现实世界中各种具体的事物，强调经验。

图 1-1 《雅典学院》

在对世界的理解上，亚里士多德和柏拉图的观点相差很大。柏拉图认为，有理念世界和现实世界之分，理念是完美的，而现实世界不过是理念所产生的不完美的衍生物。哲学是"理念的科学"，也就是说，我们追求的学问、真理和美德存在于理念之中。在现实世界，由于万物都是理念世界的表现，是流动的、变化的，因此难以把握。

但亚里士多德不这么认为，他更看重现实世界。他提出，我们只能通过研究现实世界的各种特殊事物来了解现实世界背后的深层原理，而不是说先有那些理念和道理，再由理念和道理产生出现实世界。亚里士多德对世界的看法，坚定了我通过自己的努力搞清楚世界是怎么一回事的信念。正是因为有了这个信念，我才会去研究科学，才会绞尽脑汁地去搞清楚其中一些尚为人们所不知的原因；也正是因为有了这个信念，我才会去研究人，去研究管理方法和教育方法，去思考如何更好地理解他人、如何让他人与自己合作，才能解决管理中遇到的各种问题。

接下来，我们就说说亚里士多德对人这个认知主体，以及外部世界这个被认知对象的看法。

把握了解世界真实性的主轴

亚里士多德认为，**首先，客观世界是我们形成主观看法的基础**。他所说的客观世界，包括自然界、我们周围的人及我们自己。在他看来，世间万物都是客观的、真实的存在，并不像古代印度吠陀文明所认为的，世界只是我们内心的镜像，也不像柏拉图所说的，外部世界是由理念世界决定的。**其次，大千世界林林总总的事物背后，具有一些本质的、带有普遍性的东西，他称之为真理。最后，人类可以通过求知来了解真理。**当张三和李四都通过求知了解了同一件事情背后的真理，两人就可以有相同的认知，他们就得以沟通、交流。

我们不妨来看看，如果亚里士多德出现在"濠梁之辩"的现场，他会如何评判。首先，亚里士多德会说，鱼快不快乐这件事是客观的，并不存在于我们的想象中。其次，通过研究学问，我们能够找到一种判断方法，知道鱼是否快乐。[1]最后，他不否认惠子能够知道庄子知不知道鱼快乐。

当然，亚里士多德不会遇见庄子和惠子，无法得知中国人和希腊人有着同样的思辨能力。不过，在哲学史上，亚里士多德是把哲学从过去单纯的主观思辨中领出来的人。他告诉我们，应该多关注和研究客观世界，并在这个过程中建立起对世界的准确认识。直到今天，虽然我们依然摆脱不了主观感受的影响，但是我们通常能够在客观世界找到一些并不会因人而异的判断

1　亚里士多德一生花在研究生物上的功夫是最多的，他对生物世界怀有巨大的好奇心。

标准，并借此对人的行为和自然界作出比较准确的判断。

比如，一座山高还是不高？如果问苏格拉底，他会说我不知道。如果问柏拉图，他会说先存在一个衡量高低的标准，然后可以用它衡量所有山的高度。如果问印度吠陀时代的学者，他们会说一座山之所以高，是因为你感觉它高；哪天你不感觉它高了，它就不高了。这就如同一个只登过北京香山的人，会觉得那座需要一小时才能爬上去的山很高；但是登完泰山后，他又会觉得香山一点都不高。如果问亚里士多德，他会说泰山比香山高是个客观事实，大家都会认可这个事实，于是就有了共同语言。当看过很多山之后，我们会总结出一个客观的标准来衡量山高，这个标准就是海拔。亚里士多德并不同意柏拉图关于"天赋理念"的说法，他认为那些理念只是对客观世界规律的总结。

不仅对山这种自然界的事物存在客观的评判标准，对人来讲也是一样的。举个例子，朋友对你好不好，也不完全是凭自己的感受或者对方的说辞决定的，而是有一些客观的评判依据。比如，他是否尊重你的利益，是否能帮助你成长、进步，是否能在你需要的时候伸出援手。如果你找不到朋友对你好的依据，那通常是因为朋友不上心。

客观的评判标准是了解世界真实性的一根主轴，我们的想法和行为都不应该太偏离它。如果我们看到的现象或者对世界的理解偏离了这根主轴，那么大概率是我们在哪里出了错，或者有些事情我们没有发现。

比如，我们上学时都不得不参加很多考试。虽然很多人觉得考试不能完全衡量一个人的学习水平，觉得根据分数来选拔和淘汰人是有问题的，但是我们不得不承认，只有 60 分水平的人考不出 90 分的成绩，而有 90 分水平的人也很难只考出 60 分的成绩。因此，只要考试的题目出得比较合理，分数就是一根主轴。当然，现实中总会有意外发生。比如在某次考试中，某个只有 60 分水平的人考了 90 分，或者某个有 90 分水平的人只考了 60 分。前一种情况，这个人大概率是作弊了，而不是超水平发挥。后一种情况，要么是说明那个人做题以外的其他素质，特别是心理素质远没有达到 90 分的水平；要么是有特殊情况出现，比如那天他因为堵车而晚了半小时进考场。总之，真遇到这种情况，分析一下原因就会了解到我们原本不知道的状况。

再比如，什么叫作富有？虽然不同时代和不同人都有不同的标准，而且这个标准是不断提高的，但是依然会有一根主轴能给我们作参考。比如，不需要为基本的物质生活发愁，有一定的积蓄可以购买自己喜欢的东西或者做自己喜欢的事情，收入水平或财富水平在一个经济体内排在前 1/4。如果某个人认为只有亿万富翁才算富有，那么他就算异类，因为这并不代表大众的普遍认知。如果某个人有多少钱都觉得不够，那么这并不说明富有缺乏客观的评判标准，而是这个人该反思一下，约束一下自己的贪欲了。

把握住了解世界真实性主轴的意义在于，当我们的想法和行为偏离自然的轨道时，我们能知晓这件事，知道要反思自己是不是哪里出了错。比如，我们经常在生活中看到这样的现象：张三有一个损友李四，虽然大家都劝张三离开李四，但他就认定了李四是自己的朋友，对自己很重要，其他人再怎么劝也没有用。在这种情况下，张三的感受其实就已经偏离了解世界真实性的主轴了。

弥合自身感受与现实世界之间的落差

在强调世界的客观性的同时，亚里士多德并不否认我们自身感受和现实世界真实性之间的差异。这种差异有存在的合理性，要消除这种差异，就要找到它出现的原因。

我小学时有这样一段经历。有一个同学，就叫他王五吧，和我挺玩得来的。但是，王五怎么都不能算好学生，特别是他还有撒谎的习惯，曾经让我帮他在老师面前圆谎。我明知这样做不对，但还是做了。事后，家长、老师和同学都对我不满意。你看，我的主观感受就和大家的看法偏离了。

十多年后回忆起这件事，我也觉得自己当时很傻，但我也解释不了为什么当时自己会那么做。直到后来学习了亚里士多德的哲学观点，理解了个体和群体的差异，以及客观标准和主观惰性的存在，我才找到了理解这件事的入口。

人的属性首先是自己最个性化的属性，这是带有主观性的，然后才是群体的属性。个体的感受和群体的认知常常会有矛盾。这时，每个人潜意识里都会觉得自己的感受是最重要的。对当时的我来讲，王五是我的伙伴，我觉得人应该对朋友仗义，因此要帮他圆谎。同时，作为一个孩子，我潜意识中对朋友是有依赖的，我依赖于他的友谊。而如果我不帮他，他就不会理我了，于是我就有损失。厌恶损失是人的天性，因此我帮他圆谎是在本能地维护自己的利益。

相反，班上的其他同学和老师并不依赖王五，而王五的行为是在损害这个群体的利益，因此他们反对王五的做法。但我首先是我自己，然后才是群体中的一员，当时的我给自己设置的利益目标又和这个群体的利益目标不一致，于是我就做出了不符合群体利益的事情，自然也就招致了其他人的不满。这种想法，不仅不太懂事时的我有，根据著名心理学家阿德勒的研究，很多人其实都有。

解决这个问题的办法其实并不难，就是**要让那个认知和真实世界产生偏差的人，看到接受世界真实性的好处**。我后来远离了王五，是因为我最终发现，被整个群体接受所带来的利益要比跟王五做朋友更大。当然，这个过程是比较长的，大概有快一年的时间，因为我也是在吃过一些苦头后才慢慢体会到的。如果当时我能懂得亚里士多德讲的那些道理，或许几个月就能发现自己的问题。

讲回到孩子叛逆的问题。很多家长明明白白地看到孩子在走弯路，先是好心劝，然后是威逼利诱，却往往把事情搞得越来越糟糕。这时又该怎么办？很多人说，你要学会和孩子换位思考。其实在这种情况下，简单的换位思考是不能解决问题的。当家长换到孩子的位置上，他们能清楚地看到那些行为带来的问题，并不会认同孩子的想法。与此同时，孩子却不会换到父母的位置上去思考。

家长应该明白，虽然世界上的绝大部分事都有客观标准，但一个孩子首先是他自己，然后才是一群人中的一个人。要想让孩子回到这个世界的主轴上，需要让他体会到这种回归的好处，以及过分标新立异的痛处。实际上，当一个人的自身感受和现实世界的真实性相一致时，他会感到很舒服；但当两者不一致时，即便他可以随心所欲地做事，也会感到不自在，因为全世界都在和他作对。这就像《麦田里的守望者》中那个青春期男孩考尔菲德，他在按照自己的意愿做事情，但是并没有获得快乐。因此，绝大部分叛逆的青少年在成年后都会回归理性。当然，如果有人能给他们有效的帮助，帮助他们设置一个自己认可，也和大家的利益一致的利益目标，他们就会更快地度过叛逆期。

回想自己的青葱岁月，我也有过比较叛逆的时期，有过叛逆的行为。说实话，那时我的父母也并不理解我。所幸我后来读了亚里士多德等人的书，在我的孩子进入青春期后，我知道该如何了解她们的心理活动和想法，因此避免了和她们发生冲突。

不仅青少年在认知上会有缺陷，很多成年人又何尝不是如此呢？每个人对世界和他人的看法都受自己主观感受的影响，并不符合世界的客观性。因此，我们在努力做到对人对事公平客观的同时，也应该明白很多人是做不到这一点的。很多人的很多看法是错的，这种现象并不奇怪。我们不能总是试图改变他们，让他们接受我们的想法，这是无济于事的。世界上大多数人和我们并没有交集，我们不需要为他们操不必要的心。根据马可·奥勒留的观点，我们需要忽略掉他们。但是，对于在我们身边的人，或者我们不得不常常打交道的人，当我们看到他们对我们或者对世界的看法出了严重的偏差，我们能做的也只是把世界的真相告诉他们，而接下来所有的决定都需要他们自己做出。当意识到自己奇怪的看法和出格的行为与这个世界格格不入时，他们或许就会自我调整。客观世界背后自有其规律，顺应那些规律的人会走得更远；违背它们的人，则会渐渐落伍。只要我们能保证自己对世界的认识是合理、公正的，我们就不会落伍。假以时日，我们周围就都是与自己认知和三观一致的人了。**这时，我们就成了精神上的自由人，而自由来自对规律的认识**。

柏拉图认为，规律本身是天赋的，是先于世界而存在的；亚里士多德则认为，先有我们的世界，然后才有规律，这些规律又是可以认识的。至于如何去认识，这又是一个新的话题了。

延伸阅读

［古希腊］亚里士多德：《形而上学》

如何审视自己和他人

　　相传在希腊人请求神谕的德尔斐阿波罗神庙上刻有三句箴言，第一句是"认识你自己"。有人认为这句话是苏格拉底说的，也有人认为是古希腊七贤之一的泰勒斯说的。根据罗马时期的希腊哲学史家第欧根尼·拉尔修[1]在《名哲言行录》中的记载，有人问泰勒斯"何事最难为"，泰勒斯答道："认识你自己。"很多时候，我们能对他人和世界作出准确判断，但事情轮到自己头上就犯糊涂。也正是因为如此，尼采在《道德的系谱》一书中，才会专门耗费笔墨来讨论"认识你自己"的问题。尼采是这么说的：

　　　　我们注定对自己感到陌生，我们不了解自己，我们必
　　定要把自己看错。有一个句子对于我们是永恒真理："离
　　每个人最远的人就是他自己。"——我们对于自身而言并

1　第欧根尼·拉尔修与哲学家、犬儒学派代表人物第欧根尼不是同一个人。

不是"认识者"……[1]

但是，前面提到过，亚里士多德说我们能够认识世界，当然也包括认识我们自己。难道亚里士多德错了？他并没有错，而且给出了一个帮助我们了解自己的工具——四因说。

所谓四因说，是亚里士多德总结的造成结果的四种原因。具体来讲，就是质料因、形式因、动力因和目的因。

质料因是构成事物的材质或者基本元素。比如，米开朗基罗的雕塑《大卫》质料是大理石，罗丹的《思想者》质料则是青铜。大理石和青铜就是二者不同的质料因。而同样是大理石，可以被雕刻成《大卫》，也可以被雕成《断臂维纳斯》。大卫像和维纳斯像，就是二者不同的形式因。所谓形式因，就是事物的本质属性。亚里士多德认为，形式因决定了一个事物究竟是什么。比如，一个企业里有很多工程师，他们的形式因是相同的，都是工程师；不过，他们的质料因可能会有所不同，有的人聪明些，有的人细心些。

动力因是让一件事情发生的动力。一辆汽车能够行驶，是因为有引擎，引擎就是它行驶的动力因。一家企业开发了一款

1　[德]尼采：《道德的谱系》，梁锡江译，华东师范大学出版社 2015 年版。

产品，这款产品能够做出来，开发的过程就是它的动力因，没有这个过程，产品就无法诞生。这个过程包括很多步骤，完成每一个步骤才会导致最后的结果。

目的因是一个事物所追求的目标或者存在的意义。苹果公司想做一款手机方便大家上网，于是开发了 iPhone，方便大家上网就是开发 iPhone 的目的因。谷歌公司希望大家能够随时随地访问信息，于是开发了搜索引擎，方便大家访问信息就是其目的因。

四因说其实是从两个维度解释了事物之间的联系：第一个维度是从事物内在和外在的性质来看，质料因表示了内在的性质，形式因则代表了外在最终展现的形式；第二个维度是从目的和手段来看，动力因代表了手段，目的因代表了目的。

如何用四因说分析事情

一个人想做成一件事，通常上述四个原因都需要具备。

以办一家公司为例。公司要由不同的专业人士组成，这是质料因；人员配备不好，公司的材质就有问题。公司是合伙人企业、股份制公司，还是家族企业？公司是地方性企业，还是面向全世界发展的外向型企业？这些是形式因。形式定了，这家公司将来的前途也就被限定了。比如，一家公司最初只是几个人合伙在地方上做小生意，有利润就平分了，那它将来就不大可能通过融资发展成股份制企业，也难以把产品卖到全世界。

当然，在办公司之前，要考虑目的是什么。有人办公司是要为用户提供某种服务，或者生产某种产品，然后产生利润。有人则是为了把公司做大，达到一个很高的估值，然后在高价位把公司卖掉。这就是两者目的因的不同。前一种公司，你出多高的价钱收购，创始人都不肯卖；而后一种，创始人卖公司比卖产品还起劲。不同的目的因，会为公司的发展带来不同的结果。

如果公司真的办起来了，就需要一步步去实现设定的目标。有的公司通过产品研发来驱动，有的通过销售来驱动，这就是不同的动力因。不同的动力因，自然也会带来不同的结果。

每一家成功的企业，都是从小到大一步步发展起来的。为什么有些公司发展了起来，而同时期做同样事情的其他公司却关门了呢？这就要从"四因"上找原因。

首先，来看看质料因。举个例子，张三、李四、王五几个人是好朋友，他们都是学设计的，想一起办一家设计公司。于是，三个人分了一下工：张三当 CEO 兼财务和行政，李四做销售，王五负责设计。但是，办一家设计公司需要各种能力，三人中除了王五还是在干本行的工作，张三做财务和行政，李四做销售，都是"二把刀"[1]。这家公司还没有办，质料因就有缺陷。

再举个例子，著名的发明家爱迪生和特斯拉[2]同时办过公司，但他们一个成功一个失败，主要原因就在于其质料因不同。爱迪生虽然以发明家的身份闻名于世，并且可以算是历史上发明数量最多的发明家之一，但是他的经营头脑和管理才能在商业史上也是罕见的。因此，他成功地将技术变成了产品，并最终为世界留下了通用电气公司。特斯拉是一位有理想、有情怀的发明家，他有很多了不起的发明创造，其中交流输电方式的发明被使用至今。但是，他本人并不善于经营，比较固执己见，在与他人沟通方面也存在缺陷。最终，他在商业上的尝试失败了。很多人试图从一件件具体的事情和一个个具体的决定来分析两人的成败，其实完全没有找到问题的关键所在。爱迪生和特斯拉的质料因不同，这导致他们所创办企业的质料因也不同。而不同的质料适合不同的事物，用对了有可能成功，用错了则一定失败。

1　二把刀，厨师的副手，指对某项工作一知半解、技术不高的人。
2　指尼古拉·特斯拉，机械工程师、实验物理学家，因设计现代交流电供电系统而知名。

如果一个创业者缺乏某种质料特性，但是能找到合适的人弥补，那么整个公司在一开始就会具有合格的质料因。比如，发明蒸汽机的瓦特在办公司时就很幸运。虽然他不善沟通，遇到失败容易消沉，但是他的合伙人、公司的另一位创始人博尔顿，恰好和他形成了高度互补。博尔顿之前就是一位成功的企业家，他有远见、有耐心，在关键时刻能够鼓励瓦特。在他们遇到失败时，博尔顿总是说，我们再试验一次吧，或许就成功了。在博尔顿的鼓励下，瓦特发挥了他聪明、灵感多、专业基础知识扎实的特长，解决了所有技术难题。此外，他们的创始团队里还有第三个人——瓦特的助手威廉·默多克。默多克是真正把瓦特设计的蒸汽机造出来的人。在制造蒸汽机的过程中，他还改良了瓦特的一些设计，使得生产蒸汽机成为可能。最终，三个人一同开启了工业革命。可以说，瓦特的团队一开始就有了成功的质料因。

其次，**来看形式因**。21 世纪初，国内有一家家电企业在某个细分市场堪称全球老大，但这家企业的所有权和管理权结构非常奇怪。一方面，总经理在经营上具有绝对的、不受监督的权力；另一方面，他几乎没有企业的股份，而有股份的人不仅在经营上没有发言权，还几乎没有知情权。因此，即便他给自己开再高的工资和奖金，和企业每年的利润相比也是微不足道的。他看到很多由创始人控股的私营企业，虽然经营得不如他所在的企业，但老板挣得远比他多得多，自然会觉得不平衡。等到了快退休的年龄，他想到自己退休之后没法再拿到这么多钱，也没有给孩子留下什么资产，而那些私营企业的创始人却可以把资产留给孩子，心里就更加不舒服了。于是，他开始利用自己几乎不受监管的权力，把企业的资产挪到海外。当然，他这种行为很快就被发现了，他受到了法律的惩罚，但这家企业也就此垮掉了。

这家企业在创立之初有着很好的质料因，但它在股权和管理权的设置上出了问题。也就是说，它的形式因是有问题的。这样一种企业发展起来后，问题一定会暴露。今天依然有很多企业，一开始形式因就有问题，导致以后麻烦不断。比如，曾经的王老吉和加多宝之争、杭州微念公司和李子柒的商标所有权之争，都是因为商业机构一开始就在形式因上有问题。

再次，来说说动力因。很多创始人想法很好，但是缺乏实现自己想法的能力，那种企业就没有动力因。世界上从来不缺好点子，缺的是执行力，而执行力就是一家企业的动力因。2010 年前后，中国出现了 5000 多家团购网站，获得融资的就上千家，最后却只剩下了美团一家。我和投资界的一些朋友谈过这件事，他们普遍都认为团购本身不能算是个好生意，里面也没有太多技术可言，大家做不起来不奇怪。美团只是一个特例，它能成功主要是因为创始人王兴执行力太强，即美团的动力因太强。相比之下，一家曾经的大互联网公司就显示出了在动力因方面的缺陷。比如，今天的很多新技术、新业务都是那家企业最先尝试的，但结果都是为他人作嫁衣裳。因此，如果企业缺乏动力因，即便它有好的质料因和形式因也走不远。

最后，来说说目的因。做一件事、办一家企业总要有目的，目的不同，结果也不同。比如，同样是为了占据移动互联网时代的制高点，苹果公司和谷歌的目的就完全不同。苹果公司是为了制造出最好用的手机，让大家都来买；谷歌则是为了获得移动互联网时代的网络流量。于是，苹果公司造出了实实在在的 iPhone，靠着卖手机挣钱；同时，为了让更多的人来购买，它就要让手机变得越来越好用。谷歌则把精力放在开发通用的手机操作系统安卓（Android）上，希望更多的生产商用这款操作系统来开发手机，这样就会有更多的人来用，继而产生更多的流量。至于卖手机硬件的钱，谷歌本就没打算挣，它偶尔做做手机，只是为了验证安卓的操作系统，获得一手资料。目的因不同，导致了它们工作重点和结果的不同。

很多人会质疑哲学这种抽象的学问有什么用。哲学其实是一个工具，可以帮我们想清楚甚至解决很多问题。人一辈子所学的内容，多半属于工具，数、理、化是工具，文、史、法、哲也是工具。解决生活中稍微复杂一点的数学问题，比如算算房贷的利息，就要用数学这个工具。在家里修点东西，比如自行车和电器，甚至在墙上安一个电视机支架，就需要用到物理学这个工具。写封邮件，请人帮忙，就要用到语文这个工具。同样，分析和理解一些现象，寻找做事情的好方法，就要用到哲学这个工具。有了工具，难事就会变得容易解决；没有工具，容易的事情也会变得很难。四因说就是一个用来分析事物原因、对人作出判断的好工具。

如何用四因说分析和判断人

前面讲了如何用四因说分析事情，下面来说说如何用它来分析和判断人。对人的分析包括对他人的分析和对自己的分析，在准确分析的基础上，才能作出准确的判断。

还是先从质料因和形式因说起。中国有句俗话，不大好听，但是常常很有道理，就是"某某人不是那块料儿"，这讲的就是质料因的决定性作用。我在《见识》一书中说过，在各行各业，想做到前 20%，靠利益驱动是能办到的；想做到前 5%，就需要靠对它的喜爱了。那么，要做到前 1% 呢？实事求是地讲，这需要有天赋。虽然我们常说勤能补拙，但那是指让人做到前20%，最多是到前5%的水平，最后那一点点要靠天赋。我知道这样说对有些人来讲可能是个打击，但你不妨放眼看看，你所知道的做到世界数一数二的人，奥运会奖牌得主也好，诺贝尔奖获得者也罢，哪一个没有超出常人的天赋？回到本节开篇讲的那句话——"认识你自己"，真正地认识自己、承认自己的不足，是有勇气的表现。

今天大部分家长都希望自己的孩子成龙成凤，让孩子从小学数学、学音乐、学艺术。实事求是地讲，如果学这些是为了给一种优质的生活打基础，那是合适的；但如果是因为觉得孩子能够通过这些特长在高考加分，那绝大部分孩子是做不到的，因为其质料因决定了他们达不到那种水平。

如果你想成为数学家，那得智商达到全社会的前1%，否则再努力也不行。当然，如果你想从事IT行业的工作，只要智商在中上水平就够了。根据自己的情况，确定自己的道路，这应该是我们对质料因的理解。

一个人刚出生的时候，并没有确定将来要成为什么人，要从事什么工作。但是，一旦选定了一个职业方向，他的形式因就确定了。工程师、医生、律师等，都是人不同的发展形式。一个工程师，日后想当医生几乎是不可能的。今天很多人热衷于跨界，但这对大部分人来说其实是很难的事情，因为每个人不同的形式因决定了他们是不同的人，做好自己比什么都重要。当然，人在确定自己将来要成为什么人时，要考虑自己的天赋和特长。这就是质料因和形式因的结合。

不仅对自己的判断如此，对他人的判断也是如此。某项工作能否交给张三去做，要看他的质料因和形式因。如果张三是一个马马虎虎的人，也就是说在质料因上有缺陷，那把事情交给他做，可能最后的质量无法保障。如果张三是一个医生，又没有太多的投资经验，他的形式因决定了他是医生，而不是投资人。如果他撺掇你去买股票，你恐怕不太能相信他的判断力。这就是质料因和形式因对人的限制。相反，我们说生病了要听医嘱，出现了法律和财务方面的问题要听专业人士的建议，其实就是相信质料因和形式因的决定作用。

除此之外，看人还要考虑他的动力因和目的因。同样是想当医生，有人是为了救死扶伤，有人是为了挣钱，有人则是因为家人曾因某个不治之症去世，导致他想攻克该医学难题。类似地，同样是想当工程师，有人是为了挣钱，有人则是为了发明改变世界的东西。这就是目的因不同。为了当上医生，有人从中学开始就认真学习相关知识，后来又进入医学院学习，这就是有动力因。有人则只有梦想，没有行动，或者准备投机取巧，靠父母走后门进医院，这就是缺乏动力因，或者有错误的动力因。

有不同的目的因，会得到不同的结果。当一个人面临选择时，他会不自觉地将自己的目的放在第一位。比如，我见过不少学医的人，他们当初学医只是为了多挣钱，因此一旦有药厂给他们开出比医院更高的薪资，他们就会离开医院去药厂。当然，有没有动力因，以及有什么样的动力因，也会导致不同的结果。很多人年轻时的梦想到了五十岁还是梦想，就是因为缺乏动力因。有些人一心投机取巧获得某个职位或者某种社会地位，最后竹篮打水一场空，就是因为有错误的动力因。

因此，我们看人的时候，不妨问自己这样四个问题：

1. 以他的才智和品行，他是否能将这件事做好，或者我们能否信任他？

2. 以他的身份和实际情况，他是否适合做这件事？

3. 他做这件事的目的是什么，是否和我们的目的一致？

4. 他做这件事的方法是什么，是否会为了目的不择手段？

想清楚这四个问题，我们看人就大差不差了。同样的道理，对自己来讲，能够认清自己的四因，作出正确的选择也非常重要。

今天，很多人觉得自己有技术、有资金，还有政府的政策支持，所以应该去办公司。但在办公司之前还要想好，什么才是自己应该做的正确的事情。比如，很多大学教授其实不适合办公司，更适合搞科研；如果想多挣钱，那他们可能更适合给企业做顾问，拿企业的股份。

很多年前，我还在国内做语音识别时，结识了这个领域的前辈——中国科学技术大学的王仁华教授。王教授当时是参与国家高技术研究发展计划（简称"863计划"）的专家，我的一些科研经费还是他批的。后来，王教授打算把语音识别的技术成果产业化，但他是一名学者，真要让他办公司，有些勉为其难。最终王教授考虑再三，支持他的学生刘庆峰办了科大讯飞公司，自己则一直在大学做研究，同时给科大讯飞做技术顾问。后来科大讯飞办成了，王教授也获得了很多资源。王教授的做法就很高明，或者说他把形式因搞得很清楚——就他个人而言，他是要建造一个更好的实验室，而不是一家公司。

再说动力因和目的因。很多人在做事情的时候会把这两者搞反。比如，很多人会讲，生活的目的是获得幸福和快乐，挣钱可以让自己达成这个目的。这种看法是正确的。在这里面，挣钱是动力因，获得幸福和快乐是目的因。如果把两者的关系搞错了，把挣钱当成目的，用错误的手段去挣钱，结果搞得自己天天提心吊胆，也就过不上美好的生活了。有的人为了让自己的住房大五平方米，不得不去打两份工，把自己搞得很辛苦，这其实是得不偿失的。

那么，我是如何用四因说来审视自己的呢？

首先，对自己是什么样的质材要有所了解，知道自己什么事情做不到。过去很多师长建议我去当数学家，我自知这件事很难做成。要从事数学研究，智力达到全社会的前 1% 只是基本要求，但这还远远不够，最好是能达到前万分之一。我虽然不笨，但是真不敢说自己合格。不过，IT 行业对智力的要求就没那么高了，像我这样的质材还是能胜任的。

此外，任何人都有自己的特长，在一方面有所欠缺，就可能在另一方面有潜力，只是很多人还没有找到，也没有将它发挥出来。从中学开始，我就在慢慢了解自己，不断发掘自己的特长。比如，我逐渐发现自己是一个深度的思考者（hard thinker），对全局的把握也不错。因此，我在解决工程难题上会有一些优势。根据这些优势来决定自己成为什么样的人，就会阻力很小地达成目标。

其次，要不断询问自己做事的目的是什么。比如，我要写一本书，就需要问问自己这本书是给谁看的。有些书是给所有人看的，那我就要写得通俗易懂；很少数的书，比如讲计算机科学的专业读物《计算之魂》，我没打算给所有人看，而是想把这个专业领域的一些道理讲清楚，那我就会对每一个问题都做出深刻的分析。当然，我还写过给孩子读的绘本，写作的目的又有所不同。目的不同，我采用的写作方法也不同。也就是说，目的因决定了动力因。

最后，每过一段时间，就要审视一下自己的目的因、动力因和形式因是否过时了，特别是当遇到发展瓶颈，生活和工作都没有变化时。 比如，我最初做研究，既是因为对解决实际问题感兴趣，也是为了生计。但是到后来，生计不再是问题了，我就把做研究的目的调整成了解决人们尚未解决的难题，以获得成就感。再后来，我觉得不再需要成就感了，就又把目的调成了培养新人。

在达成自己目的的过程中，我们有时会遇到困境，很长时间走不出来。这时，可能需要新的动力，比如去学习新的解决问题的手段和工具。举个例子，人们在早期从事人工智能研究时就遇到了瓶颈，而他们走出困境不是靠利用原有的工具更加努力地工作，而是靠换工具、换引擎——当人们开始大量使用数据来解决人工智能问题时，这个领域的很多难题就被解决了。这就是改变动力因的结果。当然，目的和动力变了，你会发现自己的形式因也变了。

*

如今距亚里士多德生活的年代已经过去两千多年了。虽然世界完全改变了，但他的哲学依然是一种很方便使用的工具，可以帮我们思考问题、了解自我和他人。接下来，我们看看在帮助我们认识世界，特别是获得知识方面，他还提供了什么其他工具和建议。

延伸阅读

[古希腊]亚里士多德：《形而上学》《物理学》

我们何以能够认识世界、获得新知

一般认为，四因说的提出，标志着亚里士多德在认识论方面和柏拉图开始分道扬镳了。柏拉图认为存在一种绝对的理念，它超脱于自然现象，不随时间、空间变化，是我们真实世界一切的因；亚里士多德则认为世间万物有不同的因。两人对世界的看法不同，导致他们所建议的认识世界、获得新知的方法也不同。具体来讲，柏拉图认为要靠理性思考和讨论。比如，要知道三角形的内角和是多少，需要靠逻辑进行推理。亚里士多德则提出了一整套科学哲学思想，教会了人们如何认识世界，如何发现新知，如何构建知识体系。在随后的两千多年里，科学哲学指导无数学者做出了创造性的工作，让人们越来越了解我们生活的这个世界。

那么，什么是科学哲学呢？它是哲学的一个分支，关注的是这样一些内容：

· 科学理论的结构和科学的本质；

· 如何通过观察现象发现科学的结论；

· 如何检验那些科学的结论并且形成科学的理论；

· 科学的结论有多么可靠；

· 该如何完善和改进科学的结论；

……

简而言之，科学哲学是科学研究的基础和方法，是我们了解世界的方法论。

今天，科学哲学不仅适用于自然科学的研究，也适用于人文学科和社会学科的研究。如果你要攻读博士学位，无论读的是理工科还是人文社会学科，都需要对科学哲学有所了解，因为只有这样才能按照正确的方法做事情，或者说才能有一个好的动力因。在今天的学术界，大家也都是在科学哲学的方法论框架下做研究，只是在这个框架下研究的课题不同而已。如果不掌握这套方法，一个人哪怕有重大的科学发现，他可能也难以融入学术圈，因为那些发现难以被证实，也难以得到发展。

即使不作研究，了解科学哲学的基本方法，对解决实际问题，特别是还没有答案的问题也是有好处的，可以让我们少走很多弯路。比如，今天所说的颠覆式创新，其理论基础来自著名科学哲学家托马斯·库恩的里程碑著作《科学革命的结构》。在这本书里，库恩提出了"范式转换"的概念。

亚里士多德与科学哲学方法论

"科学哲学"这个词其实到 20 世纪才出现，在亚里士多德的年代并没有这个说法。只是今天的科学哲学家在对它的历史追根溯源时发现，不仅对这个领域的思考始于亚里士多德，而且大部分基础性的方法也是亚里士多德已经考虑过、谈过的。再往后，很多学者，比如阿奎那、笛卡尔、杜威、波普尔等人，都在亚里士多德的基础上发展了科学哲学，建立了一套行之有效的现代科学研究的方法和标准。正是因为有了科学哲学的指导，近代以来新的发明、发现才会层出不穷。特别需要指出的是，在自然科学领域，今天大家普遍采用的是杜威、波普尔和查尔斯·桑德斯·皮尔士等人提出的实证主义方法。这是到目前为止最行之有效的科学研究方法，而其雏形也要回归到亚里士多德。

可以毫不夸张地说，在科学哲学这个领域，如果说到今天人类一共走了 90 步，那么前面 70 步都是亚里士多德走完的。

相比于亚里士多德的方法论，今天的科学哲学进步之处在于，它建立在更严密的数学基础之上，而亚里士多德的方法论更多地源于经验。双方在最基本的原则上并没有什么分歧。

那么，亚里士多德是如何提出这些方法论的呢？其实，这都建立在他对生物学的研究之上。

在亚里士多德生活的年代，哲学和科学还没有今天这么清晰的分野，当时的哲学家对自然世界的研究被称为自然哲学。亚里士多德的特殊之处在于，他尤其关心对生物本身的研究。很多人不知道，亚里士多德有超过一半的著作都是生物学主题的，比如《论睡眠》《论呼吸》《论听觉》《动物志》等。在离开雅典学院后，他有大约 16 年的时间都在研究生物学。正是在对生物学的研究中，他构建起了自己的方法论框架。而在这个理论框架中，他回答了科学哲学两个最基本的问题：**我们何以能够认知世界？我们如何有效地获得新知？**

在亚里士多德之前，没有哲学家能够很好地回答这两个问题。以我们今天的眼光来看，之前的哲学家采取的态度都是回避问题。

在各种人类早期文明中，人们普遍会借助神话世界，或者某种现实世界之外的构想，来解释真实世界中的事情，最典型的就是把现实世界的各种事情都归因于神。比如，认为日升月落是因为有太阳神和月神，刮风下雨是因为有风神和雨神。再比如，印度的吠陀文明认为现实世界都是幻象，神才代表宇宙的本体。

到了苏格拉底生活的时代，哲学家们显然不再满足于这种无法证实的解释，但依然在回避问题。比如，苏格拉底说，"我唯一知道的就是我一无所知"。再比如，柏拉图虽然已经摒弃了采用神来解释一切未知问题的想法，却又创造出了一个新的、虚构的"神"——理念世界。他认为，我们生活的世界只是现象世界，在现象世界之上还有绝对的理念世界，理念世界才是真实的存在，且永恒不变，而我们看到的现实世界不过是理念世界的影子。柏拉图的理论在逻辑上是自洽的，却无法被证实。因此，他的理论在本质上和借助神明解释世界的做法是类似的。

在东方，吠陀文明时期的印度学者跟柏拉图有着类似的想法。他们认为，我们看到的世界只是幻象。佛教所说的"色即是空"[1]，以及我国禅宗六祖慧能大师那段著名的偈语——"菩提本无树，明镜亦非台。本来无一物，何处惹尘埃"，就反映了这种宇宙观。所谓"菩提本无树""色即是空"，其实和柏拉图的思想很相似。后来，柏拉图的思想也被吸纳到了欧洲的宗教

---

1 这里的"色"不是指色情，而是指色彩斑斓的现实世界；"空"则是指虚幻。

之中。

今天，已经有越来越多的人不信神了，但不信神不意味着不迷信，有些人只是改变了迷信的对象。比如，很多人迷信专家，或者指望某位智者能够给出所有问题的答案，这其实还是相信存在一个能够给自己启示的神话世界。

但是，与这些人不一样，哲学在亚里士多德手上变得"实在"了起来。通过长期的自然科学研究，他发现了一件事——我们可以相信自己的感官经验，现实世界不是虚幻的，它在经验上是有形的（empirically tangible）。"在经验上是有形的"，这个观念非常重要。tangible（有形）这个词更准确的含义是"可触碰到的"。如果现实世界是可以用经验触碰到的，我们就能通过经验认识这个世界。

可以看出，亚里士多德的想法和柏拉图的截然相反。前面说过，在《雅典学院》那幅画中，柏拉图手指向上天，亚里士多德则掌心向下，这就体现出了两人的思想差异。亚里士多德有一句名言，"吾爱吾师，吾更爱真理"（Amicus Plato, sed magis amica veritas[1]）。很多人把这句话解释为亚里士多德为了追求真理而不惜和老师观点相反。其实，这句话从拉丁文直译

1　原文为拉丁文。

过来的意思是，柏拉图对我来讲是敬爱的，而真理对我来讲更亲切。这句话并没有二选一的意思，但确实说出了追求真理对亚里士多德的重要性。

科学知识、技能知识和道德知识

亚里士多德在他的著作中反复告诉人们一个道理：**无论做什么事情，要想获得切实的进展，或者获得创造力，就需要不断用经验去触碰这个世界，而不是到那个虚幻的平行世界寻找答案。**

根据获得途径的不同，亚里士多德把知识分成了三类：科学知识、技能知识和道德知识。

科学知识包括我们说的数学、自然科学等，要靠经验加逻辑获得。

技能知识包括文学创作、音乐、艺术、绘画、工艺（工程）等，就是那些通常说的可以通过一万小时的练习而获得的知识。想要获得这些知识，就要不断地用经验去触碰它们。

道德知识包括今天所说的社会学科和人文学科的知识，比如管理学和政治学等，这些知识需要通过社会实践来获得。举个例子，今天很多大学生都想着一毕业就从事管理工作，甚至一毕业就当老板，这其实是非常不切实际的想法。如果你是一个老板，你会让一个 22 岁、刚毕业的学生去管理平均年龄三四十岁以上、有好几年甚至几十年专业经验的团队吗？管理学属于亚里士多德讲的道德知识，需要通过很长时间的摸爬滚打才能获得，不是读几年书就可以学到的。

这三类知识的关系可以参考下图。

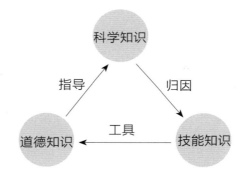

图 1-2　科学知识、技能知识和道德知识的关系

简单来说，科学知识解决求真的问题，它为我们提供原因，让我们知道一件事为什么是这样的，以及如果要做好一件事，为什么应该这样做而不是那样做。比如，某座桥为什么建造得不牢固？该怎么改进？我们可以通过对科学知识的探求了解背后的原因，通过理性的分析不断调整施工方法。

技能知识则是为我们提供工具。比如，在做管理和社会治理时，都可能会用到一些工程成果，如统计工具、新的技术工具等。

人们最容易忽略的，是道德知识和科学知识之间的关系。更准确地说，是人文对科学的指导作用。有人觉得科学研究和人文没有关系，这当然是一种误解。科学与人文的关系，就像高飞的风筝与放风筝的人。科学这个风筝会希望人文这个放风筝的人不断把线放得更长，不断为科学松绑，这样它就可以飞得更高；但如果彻底把线剪断，风筝一时之间也许会飞得更高，但由于失去了控制，它终究会掉下来，甚至会伤害到地面上的人。

需要强调的是，无论哪一种知识，在亚里士多德看来都是可经验的，或者说是可触碰的。也就是说，任何知识体系，无论是文科还是理科，都可以用一套系统的方法不断扩展——**人们可以通过感知获得经验和新知，再通过感知和经验来验证新知。**

在历史上，主要是在中世纪期间，亚里士多德的作品经历过两次大的遗失。不过，伊斯兰国家的学者继承了他的思想，把实践论和理性推理结合起来，创造出了伊斯兰文明的黄金时代，同时也发展了他的科学哲学思想。

伊斯兰学者认为，人们可以通过观察推翻一个科学命题，也可以提出一个新的命题，而这个新命题的提出又会引出新的抽象概念。他们还提出，人类智力的发展也遵循这个规律。智力本身是物质的，是一种实实在在的可以获取知识的潜能；同时，它又是一种活动，越使用，智力水平就会越高。

中世纪之后，亚里士多德的思想通过欧洲与伊斯兰文明的交流再次传回欧洲，又被欧洲的思想家进一步发扬，形成了近代的经验主义哲学。因此，亚里士多德也被看成经验主义哲学的始祖。

*

最后，谈谈亚里士多德的科学哲学思想给我的启示。

首先，世界上的知识是相通的。这个相通不是说物理学知识可以直接解决金融学的问题，而是说知识背后的逻辑是相通的。比如，有些杰出的学者能够在多个学科卓有建树，好像是一通百通；据说华尔街最好的交易员有些是学理论物理出身的，这些人其实就是掌握了通用的方法论。因此，无论学什么，我们都要认认真真学透彻，掌握其中的科学哲学道理。

其次，一定要好好体会"可触碰的经验"这几个字。我们必须相信这个世界是可触碰的，然后不断地去触碰它，这样才能获得有关这个世界的知识。没有人能靠学一百门管理学课程管好公司，也没有人能通过读一百本爱情小说收获爱情。所有的知识，都是我们不断触碰这个世界的结果。

延伸阅读

［古希腊］亚里士多德：《形而上学》

我们有灵魂吗

法国作家罗曼·罗兰在其代表作《约翰·克利斯朵夫》中引用了古老教堂门前圣者克利斯朵夫像下的一句话——"当你见到克利斯朵夫的面容之日，是你将死而不死于恶死之日"，那本书也因此而得名。

一个人无论有多么伟大、富有，最后都要过生死这一关。关于自然界的知识，只要努力学习和思考，我们还是能够把自己智力范围内的问题想明白的；但是涉及自我的问题，哪怕再简单，很多人也一辈子都想不明白。只有真的到了濒临死亡的那一刻，他们才会顿悟，厘清那些困扰了他们一生的问题。因此，"人之将死，其言也善"的说法是有道理的。而在那些"善言"中，苏格拉底临死前的一番言论或许是最有名的。这些言论被记录在柏拉图的《斐多篇》中，可以启发我们更深层次地思考人的价值和人生的意义。这应该是我们求知的最后境界。

苏格拉底如何看待死亡

苏格拉底和孔子一样，并没有在生前把自己的思想记录下来，我们只能通过他学生们的记录来了解他的思想。其中，记录和整理苏格拉底对话最多的人就是柏拉图。苏格拉底临终前，他的学生斐多一直守护在他身边，记录了他和学生们最后一次对话的内容。柏拉图把这些内容整理出来后，就将它命名为《斐多篇》[1]。在《斐多篇》中，苏格拉底主要谈到了他关于灵魂的观点，告诉活着的人该怎样善待自己的灵魂。

不过，在讲述具体观点之前，先要介绍一下相关的文化背景，即古希腊人对这个问题的普遍看法。

一方面，古希腊人不相信投胎转世，他们认为人死了就是死了，就会进入冥界。因此，古希腊人的生活态度是看重现世，而不看重根本不存在的来世。比如，《奥德赛》中讲，奥德修斯拜访冥府时，大英雄阿喀琉斯告诉他，自己宁可在地面上做一个农奴，也不愿意当冥府之王。再比如，还有一些哲学家，如德谟克利特，根本就不相信有什么灵魂。所以，在古希腊人普遍的观念里，人是不愿意去死的。

---

1 也被翻译成《裴洞篇》。

另一方面，古希腊人强调人有肉体的一面和灵魂的一面，而他们更看重灵魂的一面。从各种古籍的记载中可以看到，古希腊人对物质生活的需求不高，即便是上层人士，也过着很简朴的生活。对他们来说，有一片面包吃，有杯葡萄酒喝，有一个地方睡觉，就足够了。但是，他们会用大量的闲暇时间来讨论问题，追求精神上的满足。比如苏格拉底，每天吃完早饭，他就去广场上和别人辩论了。

理解了这两点，就比较容易理解苏格拉底在被多数人以民主之名宣判死刑后的心境了。

苏格拉底并不怕死。他认为人有肉体和灵魂两部分，灵魂的部分可以思考，而肉体的部分其实经常会干扰灵魂思考。比如，肉体会有七情六欲，会饥饿，会劳累，这些都会妨碍灵魂思考。因此，如果人死了，灵魂不再受到肉体的约束，可以自由放飞，岂不是一种解脱？在这一点上，他和很多古希腊人不同。

看到这个观点，你可能会联想到庄子对死亡的态度。庄子也不畏惧死亡，他认为人死后会回归大自然，因此他和苏格拉底在这个问题上有相似的看法。但是，两人的想法又有很大的不同，庄子强调融入自然，苏格拉底强调灵魂不朽。至于苏格拉底为什么认为人的灵魂可以不朽，他在《斐多篇》中用了四种方式来论证。这些论证虽然不违背逻辑，但由于一些前提并不符合我们今天在科学上的认知，因此结论看来并不太具有说服力，这里也就不介绍其中的细节了。实际上，在我看来，这些内容也不是我们关注的重点。苏格拉底关于灵魂不朽的思想对我们的启发在于，他教会了我们如何看待人的生活与死亡。或者说，他教给了我们一种积极面对死亡的态度。

灵魂对求知的重要性

　　作为一个相信理性且一生求知的哲学家，苏格拉底非常强调灵魂对于求知的重要性。他认为，要想获得纯粹的知识，就必须摆脱肉体的束缚，用灵魂来透视事物本身；如果有肉体的干扰，灵魂就不能获得纯粹的知识，实际上也就不能获得真正的知识。这一点后来被各个时代的大科学家证实了。中世纪、伊斯兰文明黄金时代、文艺复兴和科学启蒙时代的大科学家们，从比鲁尼[1]、罗吉尔·培根[2]、哥白尼、伽利略到笛卡尔、牛顿等人，都属于这种纯粹的科学家。一个人要从事科学研究，需要

1　伊斯兰文明黄金时代的科学家，被誉为百科全书式的学者。
2　13世纪英国方济各会的修道士、哲学家和科学家，提倡经验主义，主张通过实验获得知识。

纯粹的头脑，需要有宗教般的虔诚。即便不作科学研究，但凡要追求知识，太多的物质欲望干扰也会让我们难以走远。

几年前，俞敏洪问过我一个问题。他说，以你的能力和影响力，办一家公司，或者做一只大基金，可以挣很多钱，你为什么不去做？其实，人一旦对物质上瘾，那种欲望是无止境的。但是我发现，当一个人拥有的钱到了一定的数量，再多出一倍，甚至是多出十倍，对生活质量的提升也没有什么帮助了。而太在意物质上的得失，会让人无法集中精力想问题，也会让人丧失思维的敏锐性。相反，看轻物质欲望，会让人得到更多心灵上的满足，这种满足持续的时间更长久。套用苏格拉底的说法，就是可以让灵魂摆脱肉体欲望的干扰，获得更纯粹的知识。

我回想自己的经历，我在科学上最有成就的两段时间，都是对世俗生活几乎不过问的时候。第一段时间是我为了求知完全想不到物质和身体的欲望的时候。那时我先在清华读研究生，然后在清华当老师，再后来到约翰·霍普金斯大学读博士，前后十年。我的大部分论文都是在那个时期发表的。第二段时间是我在物质方面的欲望都得到了满足之后。那时，我不再做物质回报很高的产品，转而做物质回报很低的研究，大约经历了五年的时间。那段时间，我获得了十九项美国专利和十多项其他国家的专利。再往后，我虽然不作研究了，但一直潜心研究学问，我大部分的书都是在这种相对安静的环境中写出来的。如果给自己平添很多物质欲望，也许我就无法享受精神上的快乐了。

人为什么要相信灵魂不灭

在强调灵魂对求知的重要性，以及肉体欲望对求知的阻碍之后，苏格拉底讲了人为什么要相信灵魂不灭。简而言之，如果一个人清楚地知道灵魂是不朽的，他在活着的时候就不会做坏事。

有些人觉得活着的时候大可尽情享乐，即使做些坏事也没关系，因为无论是好人还是坏人，死了都一样。而苏格拉底告诫他的学生们说，我们已经论证了，灵魂是不灭的，如果人在活着的时候做了坏事，死后灵魂也会受到相应的惩罚。这一点对后来基督教哲学的影响非常大。

不仅欧洲的哲学和宗教思想如此，东方的伊斯兰教、印度教和佛教也有类似的思想。它们都在强调，做一件坏事的影响可能不仅在当下，也在未来。这提醒人们注意，不要因为当下没有受到惩罚，或者法律惩戒不了，就能够为所欲为。事实上，在古代，司法制度并不健全，做坏事的收益、成本之比远比今天高得多，但绝大部分人依然能够安分守己。之所以会这样，不得不说人们对做坏事后果的恐惧是一个重要的原因。

即使是今天，世界上还有将近一半人有各种各样的宗教信仰，相信灵魂是不朽的，而在客观上，这种信仰会要求他们去恶从善。而对其他没有宗教信仰的人来说，虽然他们未必相信灵魂不朽，但也会有类似的约束，比如对正义的追求、道德和传统的约束。

我们有时会看到一些社会事件，比如一个名人被曝光了某个丑闻。他的行为有时并没有触犯法律，但他依然会身败名裂，因为他的行为违背了社会的公序良俗，不符合道德或者传统的要求。实际上，人们的行为不仅被法律和可能带来的恶劣后果所约束着，也被各种信仰和观念所约束着。同样，灵魂不朽的观念和信仰也有这样的约束作用。

拿美国来说，从世界范围内来看，美国的法律体系算是极为健全的了，但法律能否制裁所有作恶的人呢？不能。在美国，即便是谋杀这样的重罪，破案率也只有 60% 左右；即使破了案、犯罪嫌疑人确实被定罪了，能够重罚的也只有其中的一半左右。但是，大部分人不会因为破案率低就去犯罪，因为约束他们的除了法律，还有自己的信仰和道德观念。

在生命的最后时刻，苏格拉底告诉世人：

我们应当牢牢记住，如果灵魂是不死的，我们就必须关怀它，不但关怀它的这一段称为今生的时间，而且关怀它的全部时间；如果我们忽视它，现在看来是有很大危险的。[1]

他启发我们，在活着的时候就要关怀自己的灵魂，远离罪恶，尽可能地追求善良和明智。不要让肉体的行为玷污了灵魂，要保持灵魂的纯洁。这些话不仅是他用来告诫弟子的，也是讲给后人听的。

那么，如何保持灵魂的纯洁呢？苏格拉底讲，人必须通过学习和追求智慧，让灵魂达到一种"不可见的、神圣的、不朽的、智慧的境界，到了那里就无比幸福，摆脱谬误和愚昧以及恐惧，免除凶猛的爱恋，不受种种人间的邪恶摆布"。如果说，柏拉图认为学习的目的是验证真理，亚里士多德认为学习的目的是发现真理，那这段话就对应了苏格拉底关于学习目的的解读。不难看出，他们三人的思想有相通之处，但是所关注的侧重点又有很大的不同。

相比于今天大部分人为了谋生或者获得更高的地位而学习，

1　[古希腊]柏拉图：《裴洞篇》，王太庆译，商务印书馆2013年版。

苏格拉底等人的思想拔高了学习的目的——为了摆脱愚昧和邪恶，净化我们的灵魂。当然，在没有填饱肚子的时候，我们未必有闲暇想这些问题，可以按照自己现实的需求和兴趣去学习。但是，当我们有了稳定的工作和基本的生活保障，特别是在衣食无忧之后，就需要在两条路中做选择了。一条路是继续追求物质，满足自己无限的物质欲望；另一条路则是把时间花在学习上，追求苏格拉底所说的那种境界。

和弟子说完这番话后，苏格拉底就从容、宁静地迎接了自己的死亡。今天，即便我们不接受"人死后灵魂会去往某个永恒乐园"的说法，苏格拉底所说的关爱我们灵魂的观点也依然是很有道理的。当一个人致力于追求高洁的精神境界和更多的智慧，在外，他会获得良好的信誉和声名；在内，他不会被愚昧和恐惧困扰。

*

在西方，苏格拉底之死和耶稣之死一样，也具有象征意义。耶稣之死代表爱与救赎，苏格拉底之死则代表希腊的哲学从此由关注世界和宇宙的构成、寻找宇宙的规律，转而进入对伦理、道德和正义的探究。这一点从柏拉图的著作中可以很明显地看出。

苏格拉底之死还让后人明白：民主如果不受到制约，就无异于多数人的暴政。这种观点不仅体现在柏拉图的《理想国》中，也体现在亚里士多德的政治学中。虽然柏拉图和亚里士多德师徒二人在哲学上的观点差异很大甚至相互抵触，但他们在政治学上的观点却很相似。

柏拉图在其著作中一直在批评雅典那种不受制约的简单民主。他说，如果没有好的制度和制约，可能会形成多数人对少数人的暴政。在这种情况下，面对多数人的权威，少数人唯有屈服。雅典城邦正是以多数人的名义，判处了苏格拉底死刑。因此，生活在雅典城邦民主中的柏拉图，心中最理想的国家其实是由精英来统治的。亚里士多德则认为民主制度并不能解决寡头政治的问题，两者可能一样坏。他认为，权力应该掌握在广大的具有基本素养（德行和财富）的公民手中，应该以保障人民过上幸福美满的生活为目的。这其实也是一种精英民主政治，只不过是参与人数扩大了的精英民主政治。我梳理了一下从柏拉图到尼采所有知名哲学家关于政治的观点，他们没有一个人赞同民粹式的民主政治。理解了苏格拉底之死，就会明白这其中的原因。

苏格拉底之死还影响到了柏拉图的学生亚里士多德。我们知道，亚里士多德是苏格拉底的隔代传人，也是控制了整个希腊化地区的亚历山大大帝的老师。在亚历山大统一希腊之后，雅典作为独立城邦的地位自然就消失了。不过，亚历山大很早就去世了，随后雅典人开始奋起反抗马其顿人的统治。作为一名马其顿人，尤其是亚历山大的老师，亚里士多德也被指控犯有"不敬神"之罪。这和当时雅典人指控苏格拉底是一样的。不过，亚里士多德并没有像苏格拉底那样等死，而是把他的学园交给了狄奥弗拉斯图，然后逃亡到哈尔克里斯避难。亚里士多德说，"我不想让雅典人再犯下第二次毁灭哲学的罪孽"，暗喻之前的苏格拉底之死。不过一年之后，也就是公元前322年，亚里士多德就因多年积劳成疾而去世了。

从亚里士多德和苏格拉底不同的做法，我们不难看出他们对世界不同的看法。苏格拉底更看重灵魂，因此他坦然就死。亚里士多德虽然有些唯心主义的思想，但他更多是一位唯物主义哲学家，强调现实世界的重要性，因此他选择了生。

在苏格拉底去世两千年之后，另一位改变西方哲学进程的大学问家笛卡尔在走到人生尽头时，也以苏格拉底的方式说了这样的话："我的灵魂啊，你被囚禁了那么久，到了摆脱肉体重负、离开这囚笼的时候了。你一定要鼓起勇气，快乐地接受这

灵肉分离之痛。"[1] 或许正是苏格拉底对死亡的态度，让笛卡尔在
生命的最后如此坦然。

延伸阅读

　[古希腊]柏拉图:《斐多篇》

　[英]西蒙·克里切利:《哲学家死亡录》

1　郁喆隽:《50堂经典哲学思维课》，中信出版集团 2021 年版。

自我的边界在哪里

印度的哲学、宗教和思想文化总是给人们一种非常神秘的感觉，因此，西方人通常称这些思想是东方神秘主义。或许正是因为印度的思想文化被蒙上了一层神秘的面纱，很多人对它并不了解。再加上印度的经济不算发达，有些人甚至是用俯视的眼光看待印度文化。不过，当真正接触到印度的哲学和思想文化之后，你就会发现，它们的确有很多有道理的地方，这也就不难解释为什么印度在很长一段历史上都是 GDP（国内生产总值）最高的经济体 [1]，也就能够理解为什么印度人收入不高幸福感却不低了。在慢慢了解印度的哲学思想和文化后，我也颇受启发——原来还可以这样看待世界，思考问题！

中国人对印度文化了解最多的恐怕是瑜伽，因此我们就从一位瑜伽大师的 TED 演讲 [2] 谈起。那是我这几年听过的最好的

---

[1] 根据英国著名学者麦迪森的研究，从公元元年到公元 1000 年，印度都是全球最大的经济体；直到中国明朝中期，印度才被中国赶超。

[2] TED 是 technology, entertainment, design（技术、娱乐、设计）的缩写，其宗旨是"用思想的力量来改变世界"。

讲演，主讲人叫萨古鲁。

萨古鲁曾经担任联合国千禧年和平峰会的和平大使，是一位积极参与公共活动的和平主义者和环保主义者。跟一些只是喊口号的环保主义者不同，萨古鲁是身体力行地参与环保活动。他创立了伊莎基金会（Isha Foundation），这个基金会主要做两件事，一是公益事业，包括慈善和环保事业；二是推广瑜伽，并且进行瑜伽培训。事实上，萨古鲁的第一重身份是瑜伽大师。他从 13 岁就开始练习瑜伽，修行很高，在美国有上百万粉丝，包括很多政治家和商界领袖。

今天有很多人练瑜伽，但他们通常只是把瑜伽当作身体拉伸和健身的方式，过去我也是这样的。但实际上，这只是对瑜伽浅层次的理解。真正的瑜伽包括三个层次：第一，通过体位、动作调节身体状态，这一点每个人都能做到。第二，通过呼吸练习调整气息，做到这一层有些难度，但也有很多人能做到。第三，通过冥想调整心灵，达到所谓"梵我合一"的境界。做到这一层的人就很少了，即便在印度也是如此。因为要想达到这个层次，需要了解瑜伽的哲学和文化背景。下面不妨看看萨古鲁是如何介绍瑜伽和印度的哲学思想的。

自我究竟是什么

在这个演讲中，萨古鲁对核心问题的探讨是从一个终极的哲学问题谈起的。这个问题就是"什么是我"，相信你一定也思考过。不过，萨古鲁的说法和我之前了解的中国哲学思想、西方哲学思想都大不相同，体现了很典型的印度式思维和观念。他的演讲以一个笑话开始：在英国有两头牛，其中一头问另一头，对最近出现的疯牛病有什么看法。第二头牛说，这跟我有什么关系？第一头牛很纳闷，就说，怎么和你没关系呢，万一传染给我们怎么办？第二头牛说，我是一架直升机，怎么会得疯牛病？

萨古鲁讲，其实很多人和这头牛一样，并没有搞清楚自己是谁。当然，这可能是一个人一生都要面对的问题。萨古鲁说，他其实也是很晚才理解清楚了这个问题。接下来，萨古鲁就分享了他对"自我"的理解。

萨古鲁从小就对世界很好奇，会盯着一朵花、一只蚂蚁一看就是几个小时。同时，他又觉得自己对世界似乎一无所知。再看别人，他们似乎什么都懂，而且有信仰，遇事有主张。于是萨古鲁就想，自己是不是应该信个宗教？他跑到神庙门口，看着人们进进出出，听到很多人出来时都在抱怨这个，抱怨那个。但是，当他到饭馆门口时，他看到出来的人都兴高采烈的，根本没有人抱怨，似乎印度薄饼比神更能让人高兴。

萨古鲁出生于印度的迈索尔，那里有一座查蒙迪山（Chamundi Hill）[1]，山顶有一座神庙。当地人遇到喜悦或者悲伤的事，都会去查蒙迪山朝拜。当一个人很闲，有大把时间，他会去查蒙迪山转转；当一个人很忙，生活压力很大，需要找到一种改变现状的办法，他也会去查蒙迪山寻求答案。从这些看似矛盾的做法中，你能否体会到印度文化的一些特点？在我们看来完全矛盾的事，在他们看来却并不存在什么矛盾对立关系。

年轻时，萨古鲁思考"什么是我"却得不到答案，于是跑到查蒙迪山冥想。在冥想的过程中，他产生了一种特殊的体验，这种体验有点像我们说的灵魂出窍，他感觉到周围的环境似乎和自己成了一个整体。这次体验启发了他对自我的认知。

他这样描述自己当时的感受：他感到自己引以为傲的理智和知识在融入环境之后就被稀释得无影无踪了，用我们的话讲，就是头脑被清空了。然后，他就感觉时间过得很快。当思绪再次回到现实时，他开始思考，那些被我们不假思索地认为是"自我"的东西，是不是真的属于"自我"？比如，肉体是不是

---

1 该山以女神查蒙迪的名字命名。

"自我"？从生物学和物理学的角度讲，肉体不过是人吃了外界的食物之后进行物质转化，把自然界的原子和分子堆积在自己身体里导致的结果。如果这样理解，肉体的边界就未必是"自我"的边界。餐桌上的一盘菜，不管是在我们肚子里，还是在我们身体之外，都是同样的原子和分子，难道能以其位置决定它们是否属于我们吗？看来，"自我"这个概念还需要用一些更有意义的方式来定义。

从那时起，萨古鲁逐渐形成了一个想法——**"自我"的边界其实是我们每个人自己所认可的认知边界**。或者说，"自我"的概念会随着我们心里把什么认可为自我而发生改变。

萨古鲁的讲法可能有点抽象，我举个例子就容易理解了。当你在感情上认可配偶是你的一部分时，你就把他 / 她划入"我"这个边界中了，你和他 / 她在花钱时可能会不分彼此。当你在生活中和配偶严格区分我的钱、你的钱时，你就并没有将他 / 她当作自己的一部分，对方只是你社会关系中的一种而已，虽然这种关系比较近，但毕竟不是你自己。

萨古鲁把这种扩展自我认知、把外界纳入自我认知边界之内的想法称为包容，或者说兼容。当然，这只是萨古鲁的一种观念。这种观念和商业社会把每一个个体分得特别清楚的思路是相反的，但它可以给我们带来很多启发。毕竟，没有哪一个方法能解决所有的问题。

自我与包容

　　萨古鲁认为，包容是解决世界上各种难题的一种有效方式。比如，当我们认为自然环境是自己的一部分时，我们就会珍爱环境。在《硅谷来信》专栏的"答读者问"部分，有读者提出过这样一个问题：为什么小区里养狗的那些人会放任宠物狗随地大小便，破坏小区的环境呢？套用萨古鲁的理论，这个问题就很容易解释了——那些人觉得环境和自己没有关系，自然也就不会爱惜环境。很多人自私，可能就是因为把自我的边界设定得太狭隘了，感知不到周围很多美好事物，比如阳光、空气、水和鲜花，其实都是自己的一部分。

　　不仅人与环境的关系是如此，人与人之间的关系也是如此。萨古鲁讲，很多人之所以会争夺利益，就是因为他们认为其他人和自己是不相容的，也和自己没有关系。如果一个人能做到包容，把其他人包容进"自我"这个概念，他就不需要刻意去表现得"无私"；相反，他会很自然地去爱他人，因为这跟爱自己是一样的。

　　今天，人与人之间具有边界感是文明的体现，但如果因此而失去了包容，可能就得不偿失了。有些时候，人们缺乏对他人的认可，即使感知到了对方，也不会将其纳入"自我"的范畴。比如，一位丈夫或者妻子认可配偶是自己的一部分，无论对方做什么，自己都能包容；但是，他／她并不认可配偶的父母，可能会为了一些小的利益而跟他们产生不必要的矛盾。这说明，这个人将自己和配偶纳入了"自我"的边界，却将对方的家庭排除了出去。

萨古鲁这种想法在印度文化中极具代表性。今天，印度人依然是一大家子人生活在一起，而这种现象在美国其他所有族裔中几乎都看不到。印度人非常讲究人与自然的融合，反对在成为所谓的文明人之后就与自然隔绝开。你可能听说过，印度文豪泰戈尔觉得英国人在印度创办的那种不与大自然接触的大学不好，于是干脆自己在家乡创建了一所学校，这就是维斯瓦·巴拉蒂大学（Visva-Bharati University）的前身。

那么，萨古鲁这种想法和现代文明所强调的尊重每个个体的权利、人与人之间要有边界感是不是矛盾的呢？如果去问印度人，他们会说完全不矛盾。事实上，印度人是把在外人看来矛盾的各种想法和做法集于一身而安然自得。比如，他们一方面崇尚英美的教育和文明，有钱人会把孩子送到英美等国学习；另一方面又固守印度的传统和文化。他们一方面对全世界各个族裔的人都比较包容，甚至圣雄甘地还讲过"我是伊斯兰，是印度教徒，是基督徒，也是犹太人"这样的话；另一方面又在社会生活中维系着一种贵贱尊卑制度。他们一方面大多是自然主义者和和平主义者，大多不忍杀生；另一方面又造就了今天全世界最严重的环境污染。能够将看似矛盾的做法集于一身，本身就是一种包容。

当然，我并不是完全接受印度人的想法和做法，我所接受的是，在当今这种每个人都过于自私的社会环境中，我们要具有将他人和周围环境包容进自身的胸怀。在我看来，萨古鲁所讲的"自我"和"包容"的概念，就是格局。格局有多大，自我就有多大。无论是对自己还是他人来说，拥有一个大的自我都比拥有一个小的自我更有利。

此外，还要特别强调一点：萨古鲁讲的包容，是指把自己的边界往外画，是让他人去做自己想做的事情，而不是把自己的意愿加到他人身上，多管他人的闲事。比如，今天中国很多家长爱替儿女操心，容不得儿女有不同想法，这恰恰是不包容的表现。

当然，要达到萨古鲁所说的这种境界并不容易。因为很多人会认为，自己之所以成长为现在的样子，都是环境塑造出来的。或者说，不是我不想包容，而是生活把我逼得不得不自私自利。这种看法过分强调了环境的作用，却忽略了自我意愿的能动性。

如果练过瑜伽，你就能体会到，以前觉得自己根本做不了的高难度动作，练习时间长了也就能做了。萨古鲁讲，**每个人内在的能力其实都很强大，能够解决各种问题，这是我们本来就有的禀赋**。每一位瑜伽大师也都会说，各种高难度动作你都能做到，只要你能发挥出自己的潜能。为了说明这一点，萨古鲁举了一个例子。他有一次崴了脚，感觉很疼，然后坐下来练瑜伽，让自己的意念远离疼痛的想法，渐渐地就感觉疼痛消失了。当然，这个过程很长，一般人也做不到。萨古鲁把这种现象看成调动人的潜能，现代医学专家则会将其解释为神经调节，认为这与用针灸止痛的原理类似。2015 年，在美国疼痛医学会年会上，来自美国国立卫生研究院（NIH）的研究人员报告，练瑜伽确实可以有效阻止甚至逆转疼痛。与西方人更多强调环境对人的影响不同，印度文化更强调每个人内在的影响。

萨古鲁讲，人的成长其实是一种内在的体验，我们最终会成长为什么样的人，这颗种子在我们自己的内心。每个人都希望能过上好的生活，而要达成这个目标，与其向外寻求答案，不如向内（心）寻求答案。当一个人能够做到这一点时，他对很多外界条件也就不需要那么在意了。毕竟，出身、学历、偶然的机会，都不能决定什么，他真正能把握的是自己内在的能力和潜力，看重的也是内心的满足。这也就解释了为什么很多印度人在物质上非常贫困，在精神上却非常自足，高高兴兴地去做每一天的事情。

*

接触到印度的一些思想文化后，我有几个启发。首先，不要把很多事情对立起来。在全世界很多文化中，特别是波斯、西亚和欧洲的文化中，都有善恶两元论，他们喜欢非黑即白的思维方式。但是在东方的文化中，看似矛盾的事情其实并非完全对立的。换句话说，东方人认为包容比对立更利于解决问题。

其次，在自己力所能及的范围内，我们要尽可能把"自我"的边界画得大一点。人不需要也不可能像佛祖那样讲究无边的大爱，把外界一切人和事都包容进"自我"的概念中，但我们可以让周围的人成为"自我"的一部分，关爱他们，让自己拥有慈悲心，包容更多人的想法和做法。

最后，很多时候，向内寻找答案比向外寻找答案更重要，也更有效。2021 年，在耶鲁大学开学典礼的演讲中，耶鲁大学

校长苏必德讲，当世界是一片火海，每个学生应该做的不是去
改变世界，而是去完善自身、改变自己。这其实和印度人讲的
向内寻找答案有相似之处。

延伸阅读

　　萨古鲁:《萨古鲁谈业力：一个瑜伽士关于改变命运的教导》

吠陀文化给我们什么启示

上一节讲到了萨古鲁和今天很多印度人的思维方式、想法和做法，其实这些都深受印度悠久的历史传统，特别是印度哲学和宗教的影响。讲到印度的哲学和宗教，你可能马上会想到对中华文明圈产生了巨大影响的佛教，以及今天印度主要的宗教印度教。那么，这两种宗教的思想又来自何处呢？答案来自更古老的吠陀文明时期的文化，即吠陀文化。

大约在公元前 1500 年，吠陀文明出现在印度北部地区。它并不是南亚次大陆最早诞生的文明，因为早在公元前 3000 多年，印度北部和今天的巴基斯坦地区就诞生了哈拉帕文明，也就是今天所说的印度河流域文明 [1]。不过，虽然印度河流域文明出现的时间更早，但它对今天印度文化的影响其实非常小，在

---

[1] 印度河流域文明最初在今天巴基斯坦境内的哈拉帕地区被发现，根据发现地命名的原则，该文明被学术界称为"哈拉帕文明"。印度独立后，为了和巴基斯坦争夺哈拉帕文明的所属权，在印度境内的印度河流域展开了大面积考古挖掘工作，发现了大量同时期文明的遗迹。因此，今天人们更多地采用"印度河流域文明"的说法。

印度河流域文明遗迹中发现的文字至今也没有被破译。真正对今天印度的文化和宗教影响至深的，是后来雅利安人在印度地区建立的吠陀文明。

大约从公元前 1500 年到公元前 1100 年，来自中亚草原的游牧部落（即雅利安人）不断南下进入南亚次大陆，占据了今天巴基斯坦和印度西北部被称为"五河"或者"七河"的地区。今天印度北部的旁遮普邦，名字本义就是"五河之地"；"七河"则是古代印度对印度河三角洲区域的称呼。过去有一种看法，认为是雅利安人的入侵中断了印度原有的印度河流域文明。不过，现在这种说法已经被否定了。因为考古发现，早在雅利安人到达印度之前的几个世纪，印度河流域文明就已经衰落了。雅利安人从中亚迁移到印度后，自己的文化和当地文化相融合，形成了一种新的文化，这就是吠陀文化。

在梵语中，"吠陀"是"知识"的意思。吠陀文化的特点是以宗教中的祭司和知识阶层为统治核心，以祈祷和祭祀为生活的中心，以《吠陀经》为行为指南。《吠陀经》被分成四部，分别是《黎俱吠陀》《娑摩吠陀》《耶柔吠陀》和《阿闼婆吠陀》，主题都和祭祀有关。其中，《梨俱吠陀》最古老，其他三部实际上是从《梨俱吠陀》中演绎而来的。《吠陀经》反映了古代印度人的宇宙观、宗教信仰和人生态度。古代印度人相信，宇宙中的一切都有一个本源的主体，也就是世界的本体，这个本体在不同经卷中被描绘为不同的神。

从吠陀时代开始，印度人以虔诚敬神的方式追求宇宙真理。在他们眼中，宇宙的结构最核心的是空（Śūnyatā）和幻（Maya）。他们认为，宇宙本是空无的，我们看到的一切都只是幻象。这就能解释古代印度人为什么不热衷于记录历史。相反，古代印度人会花大力气歌颂神和神话中的英雄，因为神是直接指向宇宙本体的。如果对比一下古印度的空幻宇宙观和古希腊的实体宇宙观，就能看出两者之间有非常大的区别。不过，古希腊柏拉图的二元宇宙观和古印度的空幻宇宙观又有很多相似之处。柏拉图认为世界的本体是理念，对应于古代印度人讲的神；柏拉图认为，现实世界是理念世界的表象，对应于印度人讲的现实世界是一种幻象。

《吠陀经》除了反映出古代印度人的哲学思想，也记录了古代印度人的历史和世俗生活，因此我们可以从中了解吠陀时期的印度人对生活的态度。对于现世生活，古代印度人讲究随遇而安，因为他们相信世间万物背后都有神灵，都是神灵事先安排好的。虽然《梨俱吠陀》所描绘的宇宙三界（天界、地界和空界）中只有 33 个主要的神[1]，但后来古代印度宗教中发展出了大大小小、不计其数的神。哪怕是生活中一件很小的事情，背后都有一个神存在。

《吠陀经》所倡导的生活态度，是通过学习和思考（包括冥想）来理解世界。对于世界运行的规律，古代印度人表现出了很强的好奇心。不过，他们完全是靠主观的理性思考来建立知识体系的，这和重视经验研究的实证主义知识体系有很大区别。你可能发现了，这和柏拉图的想法很接近，和亚里士多德的认知理论却背道而驰。了解了这一点，就不难理解为什么古代印度数学很发达，却没有发展出自然科学了。发展数学需要逻辑思维，不需要考虑外部世界；发展自然科学则需要对外部世界进行仔细的观察，然后重复做实验，仅仅靠关起门来苦思冥想是不行的。特别值得一提的是，除了古代印度文明，其他所有早期文明都没有发展出"零"这个概念，因为其他文明发展数学都是为了解决"有"的问题，是有东西要计算，而不是为了解决虚空的问题。古代印度人能发明出"零"这个概念，和他们认为虚空能够产生出现实密切相关。

1　其中，天界为日月星辰之神的居所，地界为山川草木之神的居所，空界为风雨雷电之神的居所。

吠陀文化的这种世界观，让印度人习惯于向内心寻求答案，这是印度文化一个非常明显的特点。这种文化也影响了后来的佛教和印度教。在吠陀文明末期，历史悠久的婆罗门教因为过度世俗化而在民众之间逐渐失去感召力。于是，一些新的教派兴起，并在民众间逐渐传播开来。这些宗教所倡导的思想文化被称为沙门思潮，这个时期则被称为沙门时期。在沙门时期的新宗教中，最有影响力的是耆那教和佛教。

佛教是由印度北部迦毗罗卫国的王子乔达摩·悉达多创立的。悉达多也被称为释迦牟尼或者佛陀。其中，"释迦"是部落名称，悉达多的父亲净饭王是该部落被推举出来的执政官[1]，"牟尼"是仁、隐的意思。合在一起，"释迦牟尼"就是释迦部落的隐者或者圣人的意思。"佛陀"则是觉醒者、得道者的意思。觉悟是佛教认为的人的最高境界，只要觉悟，即可成佛。这也是一种向内寻找答案的做法。

《吠陀经》和一神教的经典，比如犹太教和基督教的《圣经》、伊斯兰教的《可兰经》有很大不同。一神教的经典是排他的，后人只能解释，不能随意添加内容；《吠陀经》则是包容的，

1　净饭王所担任的职位并不是一个世袭的职位，因此佛陀俗家的身份更像是中国古代说的世子。

而且内容在不断扩展。最初，古代印度学者把自己对知识的理解写下来，形成了四部吠陀经，然后不断有人进行补充，形成了这四部经书之外的经典著作，比如讲医学的《阿育吠陀》[1]。这些经典有时也被称为副吠陀，以示区别。

对于这四部基本的吠陀经和后来补充进去的内容，印度人又根据主题重新归类整理，形成了三类经典：梵书、森林书和奥义书。需要注意的是，这是三类经典，而不是三本书，就和中国的"经史子集"是指四类书而不是四本书一样。

梵书讲的是宗教仪式，其中的思想后来成了印度教前身婆罗门教的内核。森林书和奥义书的内容差不多，其中是包罗万象的知识，如神秘主义哲学、朴素的自然科学、文学、医学，等等。奥义书中有的内容和婆罗门教的教义并不一致，甚至相对立。到16世纪，甚至宣传伊斯兰教思想的《安拉奥义书》也挂在了奥义书的名下。如果是在一神教中，这种情况是不可想象的；但在印度文化中，这根本就不是一个问题。在外人看来对立的事情，他们并不觉得是对立的。

1　阿育（Āyur）就是"生命"的意思。

*

　　对比一下古代印度人和古希腊人的情况，你会发现，虽然他们都对知识有强烈的好奇心，也都善于思考，但他们对世界的看法却大不相同。古希腊人更希望从外部解决问题，最典型的观点是亚里士多德强调的形式因比内在属性更重要。古希腊人喜欢健身，认为强健的体魄是必不可少的，他们还定期举办奥运会。印度人则喜欢凡事向内寻求答案，他们不仅不喜欢健身，还看不起体力劳动。很多人奇怪，印度作为世界人口第二大国，为什么体育成绩那么差？其实这就是因为印度人并不认为体育运动有多重要。相比于体育运动，他们冥想或者做瑜伽，因为这可以让他们从内部完善自己，逐渐达到梵我合一的境界。

　　当然，这并不意味着印度人是空想家，他们也强调身体力行，实践自己的想法。比如，印度圣雄甘地曾经为了抵制英国的工业品而自己纺纱、织布。再比如，上一节讲到的萨古鲁，他不仅在演讲中倡导和平和环保，还在身体力行地做具体的事，去践行这些理念。早在 2006 年，他就发起了绿手计划（Green Hands），致力于恢复印度的植被，并增加泰米尔纳德邦 10% 的绿化率。2017 年，印度政府授予他莲花赐勋章，这是印度的第二级公民荣誉奖，表彰他为社会作出的贡献。也是在这一年，萨古鲁发起了河流拯救行动（Rally for Rivers），目标是在全印度种植 24 亿棵树，让已经枯竭的大河高韦里河恢复 40% 的流量。这种做法和萨古鲁倡导的人生哲学是一致的，就是把世界看成自己的一部分。

今天，很多印度精英在全球 500 强企业担任一把手的职务，这和印度文明重视思想和思考的传统是有关的。愿意思考的人，会找到属于自己的一整套对待人和世界的哲学。这是我们可以学习的地方。

延伸阅读

［印］D.P. 辛加尔：《印度与世界文明》

伊壁鸠鲁学派宣扬的是
纸醉金迷的享乐吗

前面几节介绍的是古代先贤对世界、对人和对认知的看法，在接下来的几节里，我们再来看看先贤们对生活有什么真知灼见。

多年前，我听过这样一个笑话：一位基金经理到海岛上度假，看到一个渔民在海滩上晒太阳。他很好奇地问，大白天的，你怎么不去打鱼呢？渔民说，我打的鱼已经够吃了。基金经理说，你可以多打些卖了挣钱啊。渔民就问，挣了钱有什么用呢？基金经理说，你挣了钱，攒起来，攒多了将来就不用打鱼，可以退休了。渔民又问，退休以后干什么呢？基金经理说，你可以享受阳光，天天在海滩上晒太阳啊。渔民笑道，我现在就在晒太阳啊。

这虽然是个笑话，但类似的事情其实每天都在我们身边发生着。上面的渔民和基金经理代表了两种不同的人生观。其中渔民的观点，有人概括为"及时行乐"。这种观点可以追溯到古希腊哲学家伊壁鸠鲁，他认为人生最终的目的就是享受快乐。今天，常常有人用"伊壁鸠鲁学派"或者"伊壁鸠鲁主义者"

来形容那些追求感官享乐的人，但实际上，伊壁鸠鲁的学说远没有这么简单。接下来，我们就看看伊壁鸠鲁和他的追随者到底是怎样看待快乐这件事的。当然，这一切还得从伊壁鸠鲁这个人谈起。

真正的快乐是什么

伊壁鸠鲁出生于公元前 341 年，也就是柏拉图去世仅仅 6 年后。伊壁鸠鲁的父母都是雅典人，但他并不出生在雅典，而是出生在爱琴海东岸的萨摩斯岛——雅典在爱琴海西岸。18 岁时，伊壁鸠鲁搬到了雅典居住，之后在希腊游学期间接触到了哲学家德谟克利特的学说，受到了很深的影响。

公元前 307 年，也就是伊壁鸠鲁 34 岁时，他在雅典建立了一个学派。在古希腊，一个学派通常是指一位哲学家或者其他领域的学者在一个固定地点讲课，支付得起费用的人可以去听课，成为他的学生，而这些人就构成了一个学派。伊壁鸠鲁学派的活动地点就是伊壁鸠鲁的住房和庭院，伊壁鸠鲁也因此被人称为"花园哲学家"。据说，庭院入口处有一块告示牌，上面写着："陌生人，你将在此过着舒适的生活。在这里享乐乃是至善之事。"这句话代表了伊壁鸠鲁学派的主张——人生的目的就是追求快乐。

不过，伊壁鸠鲁所说的快乐并不是肉体上的快感，而是一种明智、清醒和道德的生活，其中最关键的因素是"没有痛苦"和"感受到幸福"。

伊壁鸠鲁把快乐分成两种，一种是动态的快乐，另一种是静态的快乐。动态的快乐会不断变化。比如，渴了喝水，饿了吃饭，累了休息，困了睡觉，在这些活动中，我们都能获得快乐。但这种快乐是暂时的，事情一过，该怎么着还是怎么着。静态的快乐更加长久。比如，我们每天能吃饱饭，想到这件事就觉得很快乐。即使现在并没有在吃饭，这种快乐依然存在。伊壁鸠鲁认为，**人本能地会把动态的、暂时的快乐放在前面，但最终的幸福要靠拥有持久的快乐**。有人把动态的快乐理解成感官的快乐，把静态的快乐理解成精神的快乐，这种看法也不无道理。

与快乐相对的，自然是痛苦。伊壁鸠鲁讲，生活的目的就在于最大化快乐、最小化痛苦，或者说让快乐减去痛苦的相对值最大化。在伊壁鸠鲁生活的年代，最大的痛苦莫过于病痛和死亡。而要想远离病痛和死亡，就要过一种健康的生活，减少精神上的烦忧。

今天有些人一说到快乐，就会想到狂热、无节制的生活，然后冠之以伊壁鸠鲁学派的名义。其实，这是对伊壁鸠鲁思想的曲解，甚至可以说与他的主张背道而驰。伊壁鸠鲁认为，人只有过一种理性、清醒、道德的生活，才能远离痛苦，获得幸福。他有一句名言："愉悦的生活不能通过一连串的喝彩和狂欢来取得，也不可能通过男女之欢或者鲜美的鱼和其他昂贵食物来获得，而是需要通过清醒的思维来获得。"因此，**最大化快乐、最小化痛苦的具体办法就是，在做一件事之前，不要只想着能得到的快乐，还要理性地想一想是否会带来痛苦，以及会带来多少痛苦。**

举两个例子。吃一块奶酪或者喝一杯酒，你会感觉愉悦；但如果暴饮暴食，伤害身体，以至于上吐下泻，就会带来痛苦了。享受男女之欢，你会感觉愉悦；但如果违背了公序良俗，就会带来很大的麻烦，得到的快乐远不如带来的痛苦多。在这种情况下，快乐减去痛苦得到的相对值是个负数，也就是根本不能带来幸福。

进一步讲，在哲学和道德层面，伊壁鸠鲁把快乐看成善，把痛苦看成恶。人追求快乐，远离痛苦，就是在趋善避恶。对于这一点，我以前一直不理解，后来生活经验多了，也就渐渐理解了。比如，一个人通过做生意挣到了钱，这当然是一件快乐的事情。不过这种快乐通常是短暂的，你这个月拿到了一笔奖金，如果下个月没有了，快乐最多持续一个月。但如果一个人是通过坑蒙拐骗挣的钱，他就会良心不安，感到痛苦，而这种痛苦可能是持久的。只要理解了这一点，人在追求真正的幸福时，自然就会趋善避恶。

当然，有人可能会说，如果一个人没有道德感，做了坑蒙拐骗的事也不会感到痛苦，那他就不会趋善避恶了。其实，这就体现了伊壁鸠鲁强调的理性和清醒的重要性。毕竟，除了遭受良心的谴责，坑蒙拐骗还会招致仇恨和法律的制裁。比如有人做生意偷税，虽然得手的当时会为钱多了一些感到高兴，但是总觉得头上悬着一把刀，即使逃得过今天，也不知道报复和法律的惩治什么时候会来临。这种长久的恐惧和担忧同样是一种长期的、静态的痛苦。

我过去有几个朋友，挣的钱多了就开始想办法逃避美国的个人所得税，因为按照他们的收入，总体的个人所得税（联邦税和州税）税率会超过 50%。于是，他们建了开曼群岛的离岸信托，想办法把财产转移到那里。这样避税之后，相当于每年收入翻番。但奥巴马就任美国总统后，开始清查美国公民在海外的资产，特别是从美国转移出去的资产。结果是有些人不得不放弃美国籍，从此不再到美国去；还有些人因为很多生意和美国有关，躲也躲不掉，只能把多年来欠的税都补上，自己也闷闷不乐。这就是为了一时的快乐而招致了痛苦。

按照伊壁鸠鲁的观点，快乐就是善，合法挣钱、依法纳税是快乐的事，也是善事；反过来，痛苦即恶，钻法律的空子，非法经营、逃税漏税，招致了痛苦，也等同于作了恶。因此，如果为了一种动态的、暂时的快感，而产生了静态的、长期的痛苦，就不符合幸福的原则了。我们讲幸福，讲趋利避害，是让我们的行为对我们长期有利，以便获得持久恒定的幸福。

很多人把伊壁鸠鲁的主张当作自己自私自利行为的理论基础，殊不知，伊壁鸠鲁恰恰最反对把自己的快乐建立在别人痛苦之上。正如他教导弟子时所说的："没有理智、高尚和公正，就不可能过上快乐的生活。"不诚实或不公正的行为，终将让人产生负罪感，或者让人因为担心被发现而一直惶惶不安。就拿我来说，无论是在美国还是在中国工作时，我都完全没有考虑过逃税漏税的事情。依法纳税虽然可能让我的净收入少了一半，但我每天睡得很好，身体也很健康。这就是获得了静态的、长久的快乐，远离了痛苦，更接近真正的幸福。

如何获得真正的快乐

理解了伊壁鸠鲁所说的快乐的真正含义，以及快乐和善的关系，对我们有什么启示？我们又该如何在生活中获得真正的快乐呢？伊壁鸠鲁有两个建议，值得我们每个人参考。

第一个建议是，降低对物质欲望的追求。

伊壁鸠鲁讲，人要生活，有充足的生存必需品就足够了，而所谓的生存必需品包括简单的食物、居所和其他基本生活保障；不要把心思花在追求奢侈上。今天很多追求奢侈生活的人说自己是"伊壁鸠鲁主义者"，其实那恰恰背离了伊壁鸠鲁的主张。

伊壁鸠鲁追求的是"快乐"本身，而不是"达到快乐的手段"。在他看来，肉欲和物质带来的快感都是外界强加给我们的，而且往往会带来副作用。因此，在采取行动之前，我们必须考虑这个行动可能会带来的副作用，只有这样才算是理性、清醒的。

真正属于我们、我们可以支配的快乐，是内心和精神的快乐。这些快乐从哪里来呢？交一个好朋友，欣赏艺术品，保持宁静的心境，等等，都可以给我们带来这种快乐。

第二个建议是，不要惧怕死亡。

对死亡的恐惧所带来的痛苦，远比死亡本身给我们造成的伤害大。

前面说到，伊壁鸠鲁受到哲学家德谟克利特的影响，他接受了德谟克利特朴素的原子论思想。他们认为，灵魂是由原子构成的，人死之后，灵魂原子会离肉体飞散而去。因此，并没有什么死后的生命，人一旦死亡，灵魂和意识就消失了。既然如此，恐惧也就消失了。

我们对死亡的恐惧，其实都是源于对死亡本身的无知。对于这种恐惧，伊壁鸠鲁讲过一句话："死亡和我们没有关系，因为只要我们存在一天，死亡就不会来临；而当死亡来临时，我们也不再存在了。"据说他的墓志铭是"Non fui. Fui. Non sum. Non curo."，翻译成英语就是"I was not; I was; I am not; I do not care."，即"我曾经不存在；后来我存在；现在我已死；而我不在乎"。这两句话所展现的人生态度我都很喜欢，也让我们知道，无需恐惧死亡。

最后，和你分享一份伊壁鸠鲁给出的快乐清单：食物、衣物、住所、友谊、自由、思想。你可能发现了，其中并没有多少物质或者对物质享受的追求。

延伸阅读

［美］诺尔曼·李莱佳德：《伊壁鸠鲁》

人如何依据本性过
理性的生活

我的小女儿并不喜欢读哲学书，不过有一次，我无意间给了她一本哲学书，她居然读了下去，每天晚上睡觉前读一点，不久便读完了。此后，她青春期的叛逆行为少了很多，整个人都变得平和了很多。这本书便是马可·奥勒留的《沉思录》。

马可·奥勒留是古罗马的五贤帝之一。五贤帝时代是罗马帝国的黄金时代，堪比中国历史上的盛唐和北宋。当时，罗马帝国内部政治清明，百姓安居乐业，外部四邻咸服，罗马帝国的疆域之广也达到了顶峰。更值得称道的是，这五位皇帝前后相继，但彼此之间并没有父子关系，后面四位都是自己前一任皇帝的养子。当时的罗马皇帝会在生前找好一位德才兼备的继承人，指定由他继承皇帝之位。换句话说，在这近一个世纪的时间里，罗马皇位传承的原则不是血缘亲疏，而是任人唯贤。

奥勒留是五贤帝中的最后一位皇帝，他出生于一个贵族家庭，自幼受到良好的教育。很小的时候，他就被当时的皇帝哈德良注意到了，然后被哈德良的继承人，也就是五贤帝中的第四位皇帝收为养子。40 岁时，奥勒留登基当上了皇帝。

奥勒留不仅是一位合格的政治家，一位青史留名的贤明君主，还是古罗马最重要的哲学家之一，他的哲学思想属于希腊化时期出现的斯多葛学派。虽然奥勒留平时要忙于国事，但在鞍马劳顿的间隙，他总是在不断读书学习，思考哲学和人生问题，并且写下了两百多篇读书和思考的笔记。后来，这些笔记被整理成十二卷文集，这就是《沉思录》。

《沉思录》一书影响了很多人。克林顿[1]说，这是除《圣经》之外对他影响最大的一本书。乔布斯[2]说，他在 17 岁时读了《沉思录》的一则格言影响了他的一生。我向很多人推荐过这本书，但凡读了的，都说很有收获。和一般深奥的哲学书不同的是，这本书既充满了人生智慧，又写得非常浅显易懂。而且，因为它是奥勒留对自己各种人生感悟的片段记录，所以各卷甚至各段之间并没有什么逻辑关联，你可以随便翻开一页读起来。我有时也会把这本书放在床头，每晚睡觉前翻两三分钟。

《沉思录》在形式上看起来有些零散，毕竟这是一本类似于

---

1 比尔·克林顿（Bill Clinton），第 42 任美国总统。
2 史蒂夫·乔布斯（Steve Jobs），苹果公司联合创始人。

日记、笔记的读物。不过，它有三条贯穿始终的思想脉络，即三个维度，每个维度又能用两个关键词来概括。第一个维度是奥勒留对世界和人生的态度，我用"理性"和"本性"来概括。第二个维度是奥勒留对生死和永恒的理解，我用"灵魂"和"死亡"来概括。第三个维度则是奥勒留对精神生活和物质生活的关系的理解，我用"入世"和"出世"来概括。接下来，我们就分别来看一下奥勒留是如何论述这三个维度的。

维度1：理性VS. 本性

《沉思录》的第一个维度是奥勒留对世界和人生的态度。总的来讲，奥勒留认为，世界是理性的，世间万物都是合理、和谐且彼此关联的。在这样的世界背后，应该有一个神存在。

> 所有的事物都是相互联接的，这一纽带是神圣的，几乎没有一个事物与任一别的事物没有联系。因为事物都是合作的，它们结合起来形成同一宇宙（秩序）。因为，有一个由所有事物组成的宇宙，有一个遍及所有事物的神。[1]

1　[古罗马]马克·奥勒留：《沉思录》，何怀宏译，中央编译出版社2008年版。本节其他引自该书的内容，也选自这个版本。

不过，奥勒留所说的神并非通常意义上的上帝，而是类似于自然神论者眼里的神，或者中国古代哲学中的天道，也就是自然界一切事物和现象背后的规律。对于这样的神，奥勒留不仅抱有敬畏之心，而且认为神明就在自己心中，自己做事要遵循心中神明的指引。具体而言，就是要在理性的指导下对待自己、他人、事情以及世界。

那么，理性又是什么呢？一方面，我们可以从理性的对立面——感性来理解。感性通常包括激情、欲望、放纵等，理性则与此相反，是要克制欲望、敬畏神灵、追求真理等。另一方面，奥勒留和其他斯多葛学派的哲学家也认为，理性是人"本性"的延伸。需要注意，这和通常的理解有所不同。通常，人们会认为天然的激情和欲望才是人的本性，奥勒留和其他斯多葛学派的哲学家则强调理性是人本性的一面。

《沉思录》一书中经常提到"本性"这个词，比如：

> 因为，我们是天生要合作的，犹如手足、唇齿和眼睑。那么，相互反对就是违反本性了，就是自寻烦恼和自我排斥。
> 为发生的事情烦恼就是使我们自己脱离本性。
> 来自命运的东西并不脱离本性。

没有任何人能阻止你按照你自己的理智本性生活。

幸福在哪里？就在于做人的本性所要求的事情。

可以看出，奥勒留希望过一种本性的生活，而这种本性来自自然，或者说来自奥勒留所说的神明，也就是万事万物背后的规律。比如，父母会照顾孩子，甚至会舍身保护孩子，这是人的自然本性。遵从本性做事就是理智的、道德的。[1] 而且，遵从本性行事，我们在日常生活中就会对神明有所敬畏，对责任有所担当，对朋友仁爱，对同胞宽容，对欲望克制，对道德有所追求。

具体来说，我们应该如何处理人与人之间的关系呢？特别是当与他人发生冲突、产生不愉快的时候，我们要怎么对待那些人呢？这可能是任何时代的人都要面对的永恒问题。

人总不免会感到焦虑和愤怒。其实，焦虑是我们对自己产生的负面情绪，愤怒则是我们对他人产生的负面情绪。奥勒留认为，我们之所以常常陷入焦虑和愤怒，是因为我们太在意外在的东西，以至于迷失了本性和自我。他告诫我们，不要对那些会让自己愤怒的人大惊小怪，毕竟世界上总是存在这样的人。

---

1 从某种程度上说，这种观点与老子、庄子所说的顺其自然、不违天道的思想非常相似。

他们有的忘恩负义，有的奸诈狡猾，有的自以为是；如果和他们争吵，无论结果如何，最后都会使我们自己感到烦恼、焦躁，甚至产生持续性的焦虑，失去平和的心态。奥勒留讲，我们要明白，他们也许沾染了恶习、不辨善恶，但依然是我们的同类，我们可能还不得不与他们合作。向他们发怒，和他们对抗，其实是违背了我们与同类相处的本性。对于这样的人，其实不必太在意，不妨静静地看着他们，不与之对抗，甚至可以对他们抱有一颗仁爱之心。

概括来讲，奥勒留认为，**对待世人有两点十分重要：一是保持仁爱之心；二是要明白很多人与我们不一样，要适应他们的存在，这样他们就伤害不到我们了。**

奥勒留在书中多次讲到，你可以试图规劝一些人为善，但如果劝不动就算了，不要因此影响自己的情绪。回想我自己的经历，从大学进入职场之后，我遇到过不公正的领导、不友好的同事、不忠诚的朋友，这些人让我很烦恼，甚至让我很长时间不能释怀。后来读了《沉思录》，我就明白该怎么做了：我是要在与这些人的相互敌视、竞争和猜疑中度过一生，还是要尽可能适应他们，凡事就事论事，争取达成合作，把阻力降到最低？无论采用哪种方式，人最终都不免一死。用一种对抗的心态生活，就算最后赢了，一辈子也会活得很辛苦；而尽可能化解矛盾，适应不理想环境中的生活，则会活得轻松很多。有了这样的心态，我发现其实跟身边七八成的人都能和平相处。

对于那些注定要与我们一起生活的人，我们要真诚地爱他们。比如，生活中经常看到身边的人遇到各种夫妻矛盾、婆媳矛盾等。其实，这些问题根本的解决之道，就在于本着对彼此真诚的爱寻求问题的解决。毕竟，这都是我们生活中避不开的人。不过，如果真觉得无法做到真诚地爱对方了，就不要生活在一起了，这样也就不会再受到烦扰。正如奥勒留所讲，对于那些所谓有缺陷的人，我们可以提出善意的建议和劝解；但如果对方依然我行我素，就不要勉强自己了，我们还是我们，他们就是他们。这样才是按照本性行事，不至于在纠结之中迷失自我。

不仅在待人方面要保持理性和本性，对待世界也要如此。奥勒留指出，**面对纷繁复杂的世界，人需要心境平和，专注于自己的事情**。当今的世界比奥勒留那时的世界更加复杂，因而我们更需要具备这种平和的心态。比如，今天我们在工作中经常会觉得会议特别多，而且很多会议似乎都没什么开的必要；每当想坐下来思考问题时，来自各种应用程序的信息就会把我们的思绪打断。其实，近 2000 年前的奥勒留也遇到过类似的烦恼——因为身份的缘故，他不得不参加很多无聊的庆典，各种信息随时接踵而至。对于这种情况，奥勒留的态度就是保持心境的平和，不过分投入情感，无论是正面的还是负面的，而是把注意力放在自己的事情上。奥勒留讲，一个人的价值可以用他所专注的事情来衡量。

奥勒留还有一个观点我很赞同——那些以快乐诱惑我们、以痛苦恐吓我们的事物，以及浮华的名声，都毫无价值。他在书中多次讲到，对于荣誉和钱财，不要看得太重，这些不过是身外之物；对于他人的诽谤和倒霉的事情，也不必太过在意。那些会干扰我们本性的事物，都可以放到一边。这样，我们才能把精力放在自己关注的事物上。

那么，怎样才能在这浮华的世界做到心静如水呢？奥勒留的观点是，坚守自己心中的神明。虽然奥勒留用了"神明"这个词，但前面说过，他讲的神其实是万事万物的法则，对人来说，就是人性中的理性。奥勒留说，如果一个人心中有神明，就能摆脱感官的诱惑，不会放纵情欲，能够克制自己，超越享乐。一个不受欲望控制的心灵，可以战胜任何困难，敌人也拿他没有办法。

维度2：灵魂VS. 死亡

《沉思录》的第二个维度是奥勒留对生死和永恒的理解，其中最重要的是如何理解死亡。

我们每个人都回避不了生和死的问题。关于"生"的话题，我们平时谈得很多，然而对于"死"这个话题，许多人却十分忌讳。有人到了晚年，不愿意在还能清醒思考时留遗嘱，因为觉得不吉利；临终时，又会一时冲动或者糊涂地处置财产，结果亲属为了遗产纷争不断。其实，人们对死亡的恐惧比死亡本身更可怕。很多人因为害怕、忌讳死亡，反而让自己活也活不好。

奥勒留在《沉思录》中多次谈到对死亡的看法，其中有两个观点特别值得注意。

首先，世间万物有生必有死。万物会在宇宙中消失，记忆会在时间中消失，这是所有可感知事物的性质。死亡就是物体的分解，物质的消散，一切又回归到大自然。死亡不仅是自然的一种运转，也是一件有利于自然的事情。既然如此，如果有人害怕自然的运转，他就只是个稚气未脱的孩子。如果人在死后会走向另一个生命，就无须担心；如果会走向一个无知无觉的地方，就也不会再有痛苦，坦然接受就好。

我在《硅谷之谜》这本书中提到过，一个企业的死亡，是它对社会做的最后一次贡献，因为它把资源释放出来了，可以让社会做更多事情。类似地，在生物界，有一种现象叫鲸落。巨大的鲸鱼死后沉到海底，它所提供的营养能让周围一大群物种受益。人也是如此，死亡是一个人对世界做出的最后一次贡献，因为这不仅为社会上的后来者腾出了一个位置，还让那些围绕在垂危的自己身边的家人得到了解脱。

几年前，我和美国著名作家凯文·凯利[1] 聊天，他也讲到，如果作为个体的人不死，人类就死了。他说得没错。人体内只有一种细胞有可能不死，那就是癌细胞，但癌细胞一旦壮大，整个机体就会死亡。这让我想起了一件小事。2000 年，美国进入一轮股市泡沫时，在纽约找房子非常难，当时最有效的办法就是看讣告。虽然这种情况有点夸张，但今天很多历史悠久的大都市里，真的是走一个人才能给一个新人腾出社会上的位置。

你可以想象一下，如果世界上到处都是在秦始皇登基时就出生了的人，后来出生的人可能就一点机会都没有了。在那种情况下，后出生的人也许只有通过发动战争消灭前面的人才能得到机会。奥勒留讲，死也是一件有利于自然的事情，是非常有道理的。

其次，一个人就算能活几千年、几万年，也要过自己的生活。在这个意义上，最长和最短的生命没有什么区别。一个人看到怎样的事物，无论是在一百年里，还是在两千年里，抑或

---

1 凯文·凯利（Kevin Kelly），美国作家、出版人，《连线》（*Wired*）杂志创始主编。

是在无限的时间里看到的，对他个人来说其实都是一回事。寿命的长短对人来讲其实意义不大，学识、地位、权势也帮不了什么忙。有人可能会觉得奇怪，寿命长不是见识多，贡献大吗？大家看看身边的情况就知道并非如此，人年纪大了，到后来积累的偏见会超过见识的提升，而在世界上任何一个老龄化的社会里，养老总是一个负担，说明人到了一定的年龄，贡献其实还抵不上他的消耗。类似地，地位和权势也不会给人带来更多的智慧，否则世界上就不会有那么多的昏君了。

即便是被看成伟人的那批人，最终也逃不出命运的安排。奥勒留举了几个例子。医圣希波克拉底治愈了许多病人，然而他自己最后也是患病而亡。占星家预告了许多人的死亡，然而他们自己也被命运攫走。亚历山大、庞培、凯撒频繁地把整个城市夷为平地，之后他们也告别了人世。因此，一个人真正拥有的只有现在，最重要的只有珍惜当下。

维度3：入世VS. 出世

悟透了生死的问题，就容易理解《沉思录》的第三个维度了——对精神生活和物质生活的关系的理解。

从前面的分析不难看出，奥勒留更强调精神层面的修行。

但无论如何，我们都要在物质世界生活。那么，该如何协调这两者的关系呢？我总结了两个关键词——"出世"和"入世"。要理解这一点，就要说说斯多葛学派的基本思想了。

一方面，斯多葛学派的信奉者注重灵魂的生活，把财富、地位等物质的东西，以及痛苦、快乐等情感的东西都看得很淡，甚至将其看成虚幻之物。这种追求超脱于人间的生活态度就是出世。另一方面，他们又讲究埋头苦干，履行社会义务，为大众谋幸福，因为他们相信心中的神明。这就与现实生活产生了联系，这种投入到现实生活中去的做法，就是入世。可以说，斯多葛学派强调**以出世的态度，做入世的事情**。

奥勒留也是如此。他不看重名誉，不贪图享受，却每天兢兢业业地履行皇帝的职责，看护着罗马帝国的臣民，以实际行动践行了"以出世的态度入世"。

奥勒留在位时，已经是罗马帝国五贤帝时代的末期了。一方面，外部战乱不断，有与东方安息人的战争，北方的马尔克马奈人也已经逼近帝国多瑙河流域的疆域；另一方面，帝国内部灾害频繁，洪水、地震、瘟疫不断。奥勒留凭借坚定的意志和自己的智慧，夜以继日地工作，维系着庞大的罗马帝国，多次成功击退外族入侵。在奥勒留统治期间，他很少有时间待在罗马享受生活，而是将大部分时光都用了在帝国的边疆或行省的军营里，最后客死他乡。

在生活中，奥勒留一直努力践行按照理性生活的原则，做一个正直、高尚、有道德的人。他把这种理性节制的行为看作遵循神明的指引，也是对神明的敬畏。奥勒留在书中讲到，德性是不要求报酬的，也不希望别人知道，人不仅要使行为高贵，还要使动机纯正，摈弃一切无用和琐屑的思想。

在这种思想的指导下，奥勒留仿佛是专门为社会而生的，注定要为社会劳动。奥勒留讲，不仅要思考善和光明磊落的事情，还要付诸行动，行动就是你存在的目的。**不要谈论一个高尚的人应当具有什么品质，而要成为这样的人。**可以说，奥勒留用自己的一生，诠释了什么叫以出世的态度入世。

读奥勒留的书，看他做的事，能让我们看到世界上确实存在身居高位却不贪图享乐、道德高尚、以国事为重的人。而读《沉思录》时，我时常联想到东晋名相谢安。谢安原本隐居山林、淡泊名利，和几位知己好友以山水诗书自娱，从不踏足政事。但他生逢乱世，又生在陈郡谢氏这样一个举足轻重的世家大族，有义务为国家出力，于是出山操劳国事。在朝中，谢安先是挫败了权臣桓温意图篡位的阴谋，后来又在淝水之战中大获全胜。此后，位高权重的他怕皇帝猜忌，主动隐退到广陵避祸，不久后就因病重结束了辉煌的一生。谢安的行为，也是以出世的态度入世。

　　我一直认为，入世是我们生活的目的，否则生命就失去了意义。但是，想要达成这个目的，有各种做法和态度。我们可以变得俗气、势利，热衷于争权夺利，但我们也可以以一种冷静、达观的方式投入到生活中：对待一切事情既不争，也不躲，对待他人仁爱、宽容，对待自己理性、节制，始终保持平和的心态，多做有益的事情，善待生命，看淡死亡。如果想要归隐，其实未必一定要退隐于山林，只要归隐于自己的内心就好，因为自己的心中，有神明为伴。

延伸阅读

　　［古罗马］马可·奥勒留：《沉思录》

结 语

公元前 8 世纪到公元前 3 世纪是人类文明的轴心时代。这是人类历史上真正群星璀璨的时代，今天人类思想和智慧的基础，都是在这个时代确定下来的。人类文明的伟大精神导师——孔子、老子、释迦牟尼、苏格拉底、柏拉图、亚里士多德和犹太先知们，在这一时代集体亮相。他们的思想在人类智慧宝库中的作用，堪比几何学公理之于数学，牛顿力学三大定律之于物理学，元素周期律之于化学，因此对今天的人依然意义重大，尤其是对我们如何认识世界和自我有很大启发。可以说，正是这些先哲共同塑造了直到今天的人类的心灵，推动了人类文明整体的进步。

2

通过理性思考获得新知

从 17 世纪开始到 20 世纪初，这三个多世纪是人类在科学、技术、工程和商业上获得大发展，在法律和政治制度上不断改进的时代。今天，我们对这个时代的成果如数家珍，比如微积分、牛顿力学、启蒙运动、工业革命、古典经济学、细胞学说、进化论、电的使用，等等。而这些成果的取得，其实和哲学上方法论的突破有很大关系——在这个时期，人类不再靠感觉、不完整的经验或者神的启发做事情了，而是开始靠自己的理性行事。因此，这一时期的新思想，特别是在哲学方法论上的思想，特别值得我们了解。

我们该选择理性还是经验

　　西方人对哲学的关注大致可以分为两个阶段。第一个阶段主要关心世界是什么，古希腊朴素的原子论就是为了回答这个问题。但是，相比世界是什么，我们其实更关心另外两个问题——一个是别人在想什么，他会对我好，还是会伤害我；另一个是我怎样才能有效获得知识和经验，以便更好地在这个世界谋生。这两个问题都和认识论有关，前者涉及了解人，后者涉及了解外部世界。不同人会根据经验总结出不同的方法，有些方法有用，有些方法没用。但是，绝大部分人并不知道自己的方法好还是不好，甚至有些人活了一辈子也不知道如何识人、如何学习、如何提高认知水平。这些问题我们可以概括成如何认识世界。

　　因此，从 17 世纪开始，欧洲很多哲学家开始思考上面这些如何认识世界的问题了，他们希望为人类找到最有效的方法。当然，他们的观点不同，进而形成了哲学上不同的方法论。也就是在这个时期，即第二个阶段，哲学的发展转变了方向，从过去关注世界的本源变成了关注方法论。在这个过程中，笛卡尔和弗朗西斯·培根等人起到了关键性的作用。他们提出的方法论，被后人归纳成两大类。一类被称为理性主义，认为要通过理性思考获得新知，代表人物就是大名鼎鼎的笛卡尔。在笛卡尔之后，斯宾诺莎和莱布尼茨将理性主义哲学推向了高峰。另一类被称为经验主义，强调经验在获得新知中的作用，并且总结出了一整套从经验中总结知识的方法，代表人物有培根、托马斯·霍布斯、约翰·洛克、乔治·贝克莱和大卫·休谟等。

在随后的几百年里，理性主义和经验主义不断交锋，又都不断补充，让人类对如何认知有了系统性的了解。在当时，这推动了17—18世纪的科学革命；在今天，这让我们能比前人更有效地学习和进步。因此，系统了解理性主义和经验主义的方法论是非常必要的，这可以让我们获得可重复的成功、可叠加的进步。直到今天，绝大部分人的成功依然具有很大的偶然性，这次成功了，下次未必。而且，他们的进步也不是可叠加的，上次进步可能对接下来的工作没有什么帮助。但有些人则不同，他们能够比同等智力水平和经济条件的其他人成就大很多，原因就在于他们会主动应用理性主义和经验主义的方法论，做到可重复的成功、可叠加的进步。于是，别人在兜圈子的时候，他们在稳步前进。我年轻时，虽然也自己总结了一些做事的方法，但是不系统。后来系统学习了方法论，才发现有好的做事方法之后，成功率得到了显著提高。

　　在方法论中，既然有理性的，也有经验的，我们该倚重哪一种呢？特别是它们彼此矛盾而不可兼得时，我们可能不得不站队，这时该怎么办呢？这还得从站队这个话题详细说起。

　　在生活中，你会发现人们经常为一些问题争吵。比如，股市跌了，人们会为是不是由加息引起的而争吵。有人会从经济学的角度分析加息对股市的影响，得出加息让股市下跌的结论；也有人会根据历史经验分析，说加息既可能让股市上涨，也可能导致股市下跌，两者的可能性各占50%。其实，这些人都是在站队，只是他们可能并不自知。在这个例子中，前一种人的思维方式是理性主义的，后一种人是经验主义的。

　　即便在市场上没什么重大消息时，每个人做判断和做决定的依据也是不同的。有些人相信所有企业都有内在价值，研究清楚它们的内在价值，我们就知道该不该买它们的股票了。这些人相信内在属性比外在表现更重要，他们通常被称为价值投资者，代表人物是巴菲特。另一些人则认为，股票的涨跌是随机的，同一家公司的股票，昨天涨有涨的理由，今天跌也有跌的理由，这说明所谓的内在价值可能并不存在。在这些人看来，外在表现才是最重要的，其中的代表人物是詹姆斯·西蒙斯[1]。在这两类人中，

1　詹姆斯·西蒙斯（James Simons），对冲基金公司文艺复兴科技公司的创始人，也是世界上最成功的投资人之一。

前者的方法论是理性主义的，后者是经验主义的。

　　虽然我们常说不要站队，要就事论事，是非比立场更重要。但在现实生活中，人不自觉地就会站队，甚至是不得不站队。比如在单位，有一个永远会引起争论的话题，就是实际的工作经验和理论水平哪个更重要。在这个问题上，人们往往会从自身处境出发，或者根据将来的利益，不自觉地站队。学历较高的人，会倾向于支持理论水平更重要；工作年限较长的人，则会认为完成任务最重要。

　　站队并不可怕，可怕的是不知道往哪里站。在现实生活中，每个成功的投资人都有自己的一整套投资哲学，并且能够长期坚持，这是他们成功的原因。对于同一件事，他们的看法可能有所不同，甚至完全相反，但这并没有对错之分。只要坚持自己的方法论，就能在某种程度上很好地认识世界。相反，很多人不是不学习、不努力，而是缺乏一套方法论，一会儿学巴菲特的价值投资，一会儿又学西蒙斯的短线投资，每次遇到问题就抓瞎，结果就是在股市上不断亏钱。

　　其实，不仅我们会站队，哲学家也会站队。回顾一下第一章讲的柏拉图和亚里士多德在哲学上的分歧，你就会发现，他们对世界本源是什么的看法大不相同。从那时到 17 世纪近两千年里，站在柏拉图一边的和站在亚里士多德一边的都大有人在。

　　柏拉图提出了关于世界的二元论主张，即包含一个理念世界和一个现实世界。理念是天赋的，万物有共同的属性，现实世界的不同只是理念的不同表现形式，因此理念世界决定了现实世界。如果你认可这种理论，在投资上就会倾向于采用巴菲特的方法，相信股市存在决定着所有股票价格的内在规律。

　　亚里士多德则不同，他认为事物的外在形式决定了其内在属性。马和牛长得不一样，因此它们不是同一个物种。至于牛、马、猪、羊等都有一个鼻子、两只眼睛的共性，是因为某些事物可能存在共同的特性，我们只是把那些共同的特性当成了共性。如果你认可这种观点，在投资上就可能会倾向于采用西蒙斯的方法，就事论事，认为不同股票的上涨来自不同的原因，没有必要用同一种方法对待它们。正是因为亚里士多德认为外在的表现更重要，他才对生物根据外在的表现进行分类，把具有同一个特性的生物放在一起研究。

　　到了近代，哲学家在方法论上产生了理性主义和经验主义的分别。而到今天，这两种方法论都有大量成功案例作为支持。所以，你可以在其中选一队去站，只不过要事先了解每支队伍通向哪里。

延伸阅读

　　［德］F. W. J. 谢林：《近代哲学史》

理性主义思维究竟是什么

谈到理性时，人们常常会陷入两个误区。第一个误区是，觉得理性思维就是动脑子；第二个误区是，觉得理性思维和理性主义思维（理性主义方法论）是同一回事儿。下面，我们就分别来看一下为什么这两种认识都是错误的。

理性思维VS. 动脑子

先来看一个例子。过去这些年，中小学生参加补习班成了一种风气。而家长送孩子去补习班的逻辑是这样的：

班上的小王参加了补习班，成绩提高了；

班上的小李没有参加补习班，成绩下降了；

周围已经有很多孩子参加补习班了，因此我们决定送小明去上补习班。

这位家长显然动了脑子，但他这种思维方式是理性思维吗？你可能会觉得不是，因为他思考时用的逻辑不严密，采用了不完全归纳法，未必能得出正确的结论。那么，如果我们把上面这种思维逻辑做一点修改：

班上参加补习班的同学成绩都提高了；因此我们决定送小明去上补习班，这样他的成绩就能提高。

请问，这位家长的思维方式是理性思维吗？你可能会想，这回应该是了。毕竟，这种思考过程不就是逻辑学中的三段论吗？但如果仔细想想，你就会发现，其中可能还是存在问题。我们不能排除存在这种情况——参加补习班的学生是老师筛选出来的，他们本身就是学习能力比较强的人，补习一下，成绩自然会变得更好。但如果一个人功课负担已经很重了，再花很多时间补习，成绩反而可能会下降。实际上，我还真遇到过这种情况。那时，老师给班上几个数学成绩比较好的同学补课，希望他们能进一步提高；后来，一位在数学学习上负担比较重，但家长有点权势的同学，也被安排进入这个补课小组，结果他不仅跟不上大家的节奏，还因为负担过重影响了成绩。当然，还有一种可能性也必须考虑——即使不参加补习班，小明的成绩也能提高。这说明参加补习班不是成绩提高的必要条件。

那么，这个例子是否说明三段论错了？并不是。三段论本身没有错，只是这位家长错用了三段论。用三段论来推理，应该是这样的：

> 班上参加补习班的同学成绩都提高了；小明在上补习班，因此他的成绩也提高了。

对比这两句话，你会发现一个细微的区别——后一句话讲的是已经发生的事实，即小明已经在上补习班了；前一句话讲的则是对未来的假设，即决定送小明去上补习班。在生活中，把这两种情况搞混的大有人在。比如，很多炒股的人会想，之前炒比特币的人都发财了，我要赶快加入进去；或者，这个机构推荐的股票都涨了，我要把钱交给他们管理。结果不难想象，真等他们拿出真金白银，等待他们的往往不是挣钱，而是赔光老本。这些人可能还会想，我的想法没问题啊，我也是经过理性思考的。事实上，他们的确思考了，但这并不是理性思考，更不能说他们有理性思维。

那么，究竟什么是理性思维呢？

首先，理性思维要以清晰的概念为基础。概念不是天然物，而是人们创造出来的，是人类理性的体现。虽然大自然进化出了各种生物，但"动物""植物""哺乳动物""爬行动物""花草树木"等概念都是人类发明出来的。拥有理性思维的第一步是要了解和接受这些概念，因为只有理解了这些概念，在找原因、做判断时，我们的头脑才有可能保持清晰，不会变成一团浆糊。

其次，理性思维要求寻找真正具有因果关系的原因，而不是看似符合逻辑的原因。在古代，很多人会把自己解释不了的事情想象成超自然力量控制的结果。比如，在遇到恶劣的天气时，古希腊人会说那是宙斯消化不良的结果；遇到收成不好的情况，他们会说是掌管丰收的女神德墨忒尔生气了；遇到地震和海啸，他们则会说是海神波塞冬在用他的三叉戟顿地。这些解释并非不能在逻辑上自洽，而是一开始的前提就错了。从错误的前提出发，可以推导出符合逻辑的结论，但那并不是正确的结论。今天，相信超自然力量的人已经不多了，但相信阴谋论的人却不少，这其实也是缺乏理性的体现。

最后，也是最重要的，理性思维要符合逻辑。不管是什么时候，在论证一个结论时，论证的方法都必须是有效的。这一点不难理解。在前面讲的几个例子中，论证的过程其实都是无效的。

第一个认识到理性思维重要性的哲学家是古希腊的泰勒斯。他不仅认识到了概念的重要性，还指出对于任何自然现象，都要寻找其背后自然的原因，而不是神秘的原因。比如，他提出，月亮发光是因为它反射了太阳的光芒，而不是因为存在一个月亮神；日食是因为月亮挡住了太阳，而不是因为某个天神在发怒。后来，为了纪念泰勒斯和其他早期这样思考的哲学家，亚里士多德把他们称为 Physikoi（物理学家），其中的 Physis 在希腊语中是"自然"的意思。也就是说，亚里士多德认为，泰勒斯等人是用自然解释自然的人。和物理学家对应的是神学家（Theologoi），即用超自然力量思考的人。有了理性思维之后，泰勒斯就能用同一个科学原理解决一大批实际问题了。泰勒斯一生游历了很多地区，包括人类最早的文明中心美索不达米亚和古埃及。在埃及，他发现当地人能用几何学知识计算土地面积，但他们只在农耕需要时这么做，却不知道用同样的知识可以测量大金字塔的高度，虽然大金字塔就是埃及人建造的。类似地，埃及人能用长度计算角度，却不知道用角度计算被障碍物隔开的两地之间的距离，比如河的宽度。同样的知识到了泰勒斯手里，他就能用来做不同的事情，这让埃及人非常惊讶，也让他们对泰勒斯非常尊重。

泰勒斯还提出，并非所有知识都具有普遍意义。有些知识只能用来解决具体问题，不过是一些具体问题的解法，它们常常是经验。还有些知识带有规律性，可以让人解决大量问题，泰勒斯称之为定理。具体问题的解法可能只涉及具体的事例，定理却要建立在抽象概念的基础之上。后来，欧几里得将泰勒斯的部分发现收录到了《几何原本》中。

理性思维VS. 理性主义方法论

泰勒斯虽然已经认识到了理性的重要性，但他认识世界还非常依赖经验和观察，并非依靠纯粹的理性，而且他的学说中还充满了很多无法验证的主观想象。后来，毕达哥拉斯超越了包括泰勒斯在内的所有自然哲学家，建立了纯粹的理性主义方法论，将理性思维上升到了理性主义。

在《思维简史》一书中，著名理论物理学家和作家伦纳德·蒙洛迪诺讲述了这样一个事实：自文明诞生开始（从美索不达米亚的苏美尔文明算起），直到毕达哥拉斯生活的时代，人类发展了几千年，形成的所有知识体系都只能算"前科学"。"前科学"是比较好听的说法，难听的说法叫"巫术式"的知识体系，或者叫"想当然"。即便是理性思维的倡导者泰勒斯，也没有完全从前科学中走出来。他的很多推理，比如认为地震是海浪冲击大地的结果，其实都是毫无根据的想象。

毕达哥拉斯则不同，他提出了用纯粹理性而不是用经验构建知识体系的基本方法，即从假设的前提出发，通过逻辑推导得出结论，而结论就又成为新的前提。这样，知识就能不断被发现、被创造出来了。在这个过程中，所有结论都是逻辑自然演绎的结果，而非通过度量和实验得出。以勾股定理为例，虽然在毕达哥拉斯之前，各个早期文明的学者都已经注意到了这种现象，也举了很多满足勾股定理的例子，但那都不能算发现一般性的规律，只是对具体情况的描述。毕达哥拉斯把这种规律用命题的方式描述出来，并用逻辑严密的推理方法证明，这就让人们可以放心地将勾股定理应用到任何场合。这样从几个最基本的假设前提出发，不引入任何主观想象，完全靠逻辑构建知识体系的方法，就是理性主义。基于理性主义的方法得到的结论，由于是用逻辑严格证明出来的，因而具有普遍意义。

可以说，只要发现一个定理，就能解决一大批问题，这样人类的进步就更快了。也正是因为这一点，两千年后，当莱布尼茨思考理性的意义时，他才会指出，没有理性，就没有普遍性的规律。

即便是在非数学领域，理性主义方法论也非常有用。比如，今天大陆法系国家法律体系的构建过程，其实就很像一个几何学知识体系的搭建。首先，法律体系中要有一些概念，比如"法律主体"，这相当于几何学中"点""线""面"的概念。其次，每个成文的法律条文其实都是一个定理。应用法律条文判案，和应用几何定理解决实际问题是同一种思路。但是，为什么法律条文可以这样制定，而不能随意制定？了解一点法律史的人都会讲，大陆法系法律的基础是罗马法，而罗马法的基础是自然法，比如任何生命都有基本的生存权。而自然法更像是公理，它没有依据。如果我们把人的基本权利对应到柏拉图讲的理念世界，把不同法律对应到他所说的现实世界，一切就都很好理解了。

类似的，古典经济学[1]建立在"经济人"这个抽象概念之上。亚当·斯密假定经济人都是理性的，要追求经济利益。这个假设相当于公理，把它撤掉，整个古典经济学的大厦就坍塌了。至于为什么能做这样的假设，这其实是亚当·斯密根据他对人本性的认识，坚信的一种理念。亚当·斯密虽然无法证明它是公理，却把它当作公理用了，而几百年的经济学实践并没有推翻这条公理。

甚至那些要依靠实验和观察才能建立起来的自然科学，要

1　指凯恩斯理论出现之前的经济思想主流学派，一般指英国古典经济学，由亚当·斯密开创。

想形成一个学科体系，也需要引入理性主义的方法。所有自然科学，历史都可以追溯到人类早期文明时期，但那时它们都还只是一个个不成体系的知识点。直到近代，科学家用理性主义的方式对其进行改造，才有了今天一门门自然科学。在这个过程中，人们要先确定命名的法则和抽象的概念。比如，化学有化学命名法，生物学和医学也有相应的命名法；化学中有"酸""碱"等基本概念，物理学则有"速度""质量""时间"等基本概念。这些命名法和概念都是人为创造出来的，但有了它们，不仅可以更方便地解释各种科学现象，还可以构建出相应的学科架构。

毕达哥拉斯能够超越他所处的时代，提出理性主义的方法论，和他的经历分不开。早年，毕达哥拉斯在当时已知的世界游学，他的学问和见识都非常广。中年之后，他自己办学，成立了毕达哥拉斯学派。在学园内，他和弟子潜心研究事物之间抽象的关系，特别是能够通过数字量化的关系。毕达哥拉斯学派有一个基本的观点，就是"万物皆数"。从这个假设出发，他们演绎出了一整套自然哲学体系。

毕达哥拉斯的思想影响深远，直到近代，哥白尼和伽利略等人依然深受他的思想影响。不过，毕达哥拉斯留下了一个所有人都难以回答的问题——在一个逻辑上能自洽的知识体系中，最初的假设前提是什么？对此，不同领域的学者有不同的回答。在数学领域，欧几里得认为，最初的假设前提是公理，而公理是不证自明的。在法律领域，西塞罗等人认为是自然法则，而自然法则也是不言自明的。那其他领域呢？是否也存在一种不证自明的本源作为一切知识的出发点呢？为了回答这个问题，柏拉图提出了二元世界观。

柏拉图认为，先有理念世界，再有现实世界作为对它的映射，而理念世界是完美的。这似乎补上了毕达哥拉斯留下来的窟窿，因为完美的理念世界可以作为一切推理的起点。不过，柏拉图这种观点本身是无法验证的，而这就留给近代的哲学家们去解决了。

如果用四个词来概括理性主义的思维方法，那就是概念、前提、因果关系和逻辑。其中，最容易被忽略的是概念和前提。今天，生活中很多争吵产生的原因都是概念不清晰，而很多时候按照过去的经验或者理论做事失败都是因为忽略了前提。因果关系是概念之间的关联，逻辑则是一个解决问题的框架，或者说工具。

*

最后再次强调一下，理性主义和我们常说的"人要理性"并不是一回事。不采用理性主义的方法论做事情，未必不理性。比如，投资领域经验主义的代表人物西蒙斯其实出奇地理性，只不过他并不看重因果关系。同样，理性主义者也未必会否认经验的意义。比如，投资领域理性主义的代表人物巴菲特在他投资生涯最后的二十多年里，每次给股东作报告，都要强调几十年的经验在不断验证他的理论。当然，采用理性主义方法论的好处是，一旦发现一个规律，可以用很长时间，可以用于各种场景。巴菲特就是在几十年里一直坚持少量简单的原则，并且将其用于各种股票的投资。相比之下，西蒙斯投资时就没有什么原则了，需要不断调整自己的策略。因此，我们可以认为，理性主义的方法更具有预见性，而经验主义的方法更具有适应性。

接下来的问题就是，理性主义预见性的基础是什么呢？

延伸阅读

［美］伦纳德·蒙洛迪诺：《思维简史》

何为逻辑的预见性

在欧洲长达近千年的中世纪，方法论并没有比柏拉图和亚里士多德时期进步多少。在西罗马帝国末期、中世纪正式开始之前，欧洲出了一位了不起的哲学家和神学家——圣奥古斯丁。他完成了一件大事，就是用柏拉图的哲学思想给基督教神学找到了哲学依据，这让基督教的教义变得非常符合逻辑。在整个中世纪，科学相对停滞，但逻辑学依然得到了发展，并且成为修道院及后来大学里的必修课。到中世纪后期，欧洲又出现了一位了不起的哲学家和神学家——圣托马斯·阿奎那。他完全接受了亚里士多德的哲学和自然科学的思想，把科学纳入神学的范围。

阿奎那和奥古斯丁的差异，就相当于亚里士多德和柏拉图的差异。奥古斯丁认为，对于神，你信就好；阿奎那则认为，人可以通过理性证明神的存在，并且能搞清楚神创造世界的规律。阿奎那后来被封圣，他的学说也完全被教会接受，这就为科学研究打开了方便之门。不过，由于阿奎那几乎肯定了亚里士多德的所有结论，而亚里士多德对世界的很多描述又是错误的，因而人们在长达几个世纪的时间里一直接受着一大堆错误概念。

最初对亚里士多德在物理学上的结论提出疑问的，是文艺复兴后期著名的物理学家伽利略。你肯定知道伽利略纠正亚里士多德错误最有名的例子，就是关于重的物体和轻的物体是否能以同样的速度下降的问题。很多人可能都看到过这样一种现象：重的石头要比轻的羽毛落地更快。从这种经验出发，不难得出轻的物体比重的物体下降速度慢的结论。亚里士多德是一位注重经验的哲学家，他会得出这样的结论并不奇怪。但我们今天知道，这个结论并不正确，只是想要从日常经验出发来否定它并不容易。

关于伽利略是如何发现物体下落速度和质量无关的，今天很多人，包括很多国家的小学教科书上，都说他是因为在比萨斜塔上做了一个实验。据说，伽利略在比萨斜塔顶部，将一个 10 磅[1] 重的铅球和一个 1 磅重的铅球同时放下，然后大家看到两个铅球同时落地，于是得出了正确结论。不过，今天的科学史家对伽利略是否进行过这个实验颇为怀疑，因为只有他的学

1　1 磅 ≈ 0.45 千克。

生和助手温琴佐·维维亚尼记录了这件事。当然，不管这个实验是不是真的，伽利略的确是给出了自由落体速度和质量无关的正确结论，从而否定了亚里士多德的理论。

伽利略之所以能得出正确结论，是因为他发现了亚里士多德说法中一个明显的逻辑错误。伽利略设想了这样一种情况：把一个 10 磅重的球和一个 1 磅重的球绑在一起扔下去，它们的下降速度是比单独一个 10 磅重的球更快还是更慢？根据亚里士多德的说法，如果把它们看成一个整体，下降速度应该更快，因为 11 磅比 10 磅重。但如果认为它们是两个球，因为那个 1 磅重的球比 10 磅重的下降慢，所以会拖后腿，使两个球在一起的下降速度比 10 磅重的球单独的下降速度慢。同样的两个球，不可能既比 10 磅重的球下降快，又比 10 磅重的球下降慢，这是矛盾的。而要消除这个矛盾，只能是两个物体无论轻重，都以同样的速度下降。如果伽利略真的登上过比萨斜塔做实验，他也只是去验证一下自己的想法，并非通过经验获得知识，因为他的知识来自理性。

伽利略虽然没有像后来的笛卡尔那样，专门著书强调只有通过理性才能获得新的知识，但他是一个非常相信理性的人，他的很多成就都是理性思考的结果，比如他对日心说的完善。不过，伽利略也因此犯了一些错误，因为理性成立的条件是假设前提必须正确。

逻辑的预见性不仅体现在物理学这种非常需要逻辑的科学中，也体现在非常依赖经验的领域，比如医学。

在医学史上，英国医学家威廉·哈维是一个划时代的人物。他对医学的贡献不仅在于提出了血液循环论，更在于确立了现代医学的研究方法。在哈维之前，欧洲的医学一直建立在经验的基础之上，比如西方医学奠基人希波克拉底和被誉为医圣的古罗马名医盖伦都是如此。盖伦记录了每一次行医的细节，然后根据长期积累的经验，建立起了一套医学理论。他留下的医学著作非常多，即使是用今天很小的字号印刷，也有几十大本。但是，盖伦对人体器官的功能并不了解。比如，他认为血液是从心脏输出到身体各个部分，而不是循环的。也正是因为如此，盖伦并不认为人体的血液是有限的，进而将古代的放血疗法更加系统化和扩大化，而这种谬误要了很多人的命。

哈维最初对盖伦的理论产生怀疑，并不是靠做实验或者有相关的经验，而是从逻辑推理出发发现了问题。哈维通过解剖学得知心脏的大小，并且大致推算出心脏每次搏动泵出的血量；然后，他根据正常人心跳的速率，进一步推算出心脏一小时要泵出将近 500 磅血浆，血浆占血液的 55%，所以一天就是 5 吨血液。如果血液不是循环的，人体内怎么可能有这么多？根据这个矛盾，他提出了血液循环的猜想，又通过长达九年的实验验证了这一理论。后来，哈维把他的研究成果写成了《心血运动论》[1]一书。这本书的影响不仅在于提出了一种新的医学理论，更在于找到了一种研究方法，就是从能够逻辑自洽的假设出发，通过实验验证假设，这使欧洲后来的医学得以突飞猛进地发展。哈维的发现和工作方法给笛卡尔带来了很大的启发，笛卡尔后来能够写出《方法论》，跟哈维的研究工作密切相关。不过，哈维的理论能被大众接受，也受益于笛卡尔的支持。一开始，哈维的理论虽然在英国被认可了，但在欧洲大陆，特别是在法国，他的理论受到天主教势力的强烈反对。笛卡尔比哈维小十几岁，了解了哈维的成就后，他对这位近代科学的先驱敬重有加。由于笛卡尔在法国宫廷和思想界地位崇高，在他的支持下，哈维的理论才在欧洲大陆站住了脚。

最后，来谈谈逻辑的预见性对我们有什么用。生活中的很多事情，我们不需要真的去做，靠逻辑就能验证其真假。比如，我在《软能力》一书中讲到为什么中国不可能有一半以上的大学毕业生年薪在 100 万元以上，这件事的真假靠逻辑就能分析

1　这本书和哥白尼的《天体运行论》、牛顿的《自然哲学的数学原理》，以及达尔文的《物种起源》并称为改变人类历史的四本科技巨著。

清楚。再比如，任何带有庞氏骗局色彩的投资都不能持久，不管如何包装，总有爆雷的一天。这件事也不需要真的参与，靠逻辑分析分析就清楚了。

延伸阅读

吴军：《全球科技通史》

吴军：《软能力》

有没有系统发现真理的方法

从 17 世纪开始，科学发展突然加速，爆发了我们今天所说的科学革命，人类在随后的二百年里产生的知识总量，超过了之前人类历史所产生知识的总和。这固然有当时欧洲政治、经济环境良好的原因，但更重要的原因是科学家们掌握了好的方法论。采用了这些方法论，科学家就能获得可重复的成功；而在此之前，科学发展有很大的运气成分，常常要等好几百年才能取得一些突破性成就。

笛卡尔概括总结了 17 世纪的科学方法，并写成了《方法论》（它其实是篇长文，也译作《谈谈方法》）一书。不过，在介绍笛卡尔的方法论之前，我们先来了解一下这个人，因为一个人的思想常常和他的经历有关。

笛卡尔的父亲是法国的一位地方议员，他的家庭在当时算是很富有、地位也比较高的，因此他从小受到了良好的教育。不过，笛卡尔身体不太好，在病床上度过了很多时光，而这让他养成了安静思考的习惯，并且他将这种习惯保持了一辈子。

笛卡尔在大学学的是法律，在年轻时游历了欧洲很多地方，还在几个国家当过兵。因此，他学识渊博，见识丰富。不过，他只对数学有浓厚的兴趣。在一次旅行中，他看到街上贴了一张数学题悬赏求解的启示，回去花了两天就把那道题解决了。这引起了当地数学家的注意。

在游历欧洲并且当了一段时间兵之后，笛卡尔想安定下来了，于是他回到法国，但不巧又赶上法国内乱，于是再次到荷兰、瑞士和意大利等国家旅行了四年。此后，他在巴黎待了三年，然后移居到当时民主思想和人文气息浓郁的荷兰，一住就是二十年。笛卡尔几乎所有研究成果都是在荷兰做出来的。

据说，笛卡尔曾经梦到自己找到了一条通向知识宝库的路。这个逸闻没有史料支持，但是流传甚广。不过，笛卡尔的确希望找到一种类似于数学，但更具有普遍意义，能够系统发现各种知识的方法。这其实就是他理性主义方法论的由来。

很多谈论笛卡尔的人喜欢八卦他和瑞典女王克里斯蒂娜的爱情传说。真实情况是，这位年轻的瑞典女王仰慕笛卡尔的才学，重金聘请笛卡尔到瑞典担任宫廷教师。瑞典女王比笛卡尔小了整整三十岁，两人的生活经历也没有过任何交集，所以两人之间产生爱情的可能性不大。笛卡尔身体不好，喜欢温暖的生活环境，并且习惯于晚睡晚起。瑞典女王则喜欢早起，五点钟就开始学习，而且生活在非常空旷的大宫殿。当时正值冬季，宫殿里非常寒冷。笛卡尔很不喜欢这样的生活，但是也没办法。不过到了瑞典之后，仅仅四个月，他就生病去世了。也就是说，笛卡尔在瑞典并没有收获爱情，反而送了性命。

笛卡尔在各个领域的成就非常多，但他一直致力于为人类寻找一套系统、有效地获取知识的方法。这些方法体现在他的哲学著作，特别是在《方法论》一书中。

按照获取知识的方式，笛卡尔把人的知识分为三类。

第一类是生来就有的知识。比如，孩子生下来就知道吃奶。今天我们把这类知识称为来自人的本能或者本性的知识，不用操心如何学习。

第二类是从外界学来的知识。比如，学生在学校学到的知识。我习惯于把这类知识称为"他人告之"的知识。在笛卡尔所处的时代，挑战是这类知识总量不够，学习的手段也不够多，因此要找一个博学的好老师，向他学习。今天，最大的挑战则在于它们总量太多，因此我们必须知道如何过滤，否则根本学不过来，接受得太多了甚至会有害。

第三类是自己创造的知识，这也是最重要的一类知识。人类所有发明和发现都属于这类知识。对接受者来讲，第二类知识是从外界学来的，但它们最初也是通过创造得到的。人类进步的速度取决于这类知识产生的速度；一个人是否具有创造力，也取决于他能否创造知识。因此，在《方法论》中，笛卡尔重点讨论的就是如何获取这类知识。他给出了一整套行之有效的研究问题的方法，这套方法也被称为科学方法，包括以下五个要点。

第一，不盲从。

笛卡尔认为，不要接受任何自己不清楚的结论，更不要把它当作真理，哪怕它来自权威人士。笛卡尔说这话是有时代背景的——在 17 世纪之前，人们习惯于服从权威；在文化、宗教甚至科学领域，人们都觉得有所谓的正统思想、正统理论。

笛卡尔超越当时哲学家的地方在于，他指出要根据自己的理性来判断确定一个命题（说法）是否值得怀疑。你可能知道笛卡尔有句名言是"怀疑一切"。这里的怀疑一切并非胡乱猜疑、疑神疑鬼，而是说要用理性过滤那些有明显矛盾的结论。这就如同前面所说的，很多事情即使不去做也能知道做不成，因为它们在逻辑上没有成立的可能性。笛卡尔这个主张，直到今天依然有现实意义。毕竟，我们今天能得到的信息太多了，它们可能彼此矛盾，让人不知道该听谁的。于是，很多懒人就听所谓专家的，甚至简单地先入为主，盲目接受自己喜欢听的话。

第二，大胆假设，小心求证。

每当说起笛卡尔，很多人就会想到"大胆假设，小心求证"这句格言。不过，虽然笛卡尔表达过这个观点，但他的原话不是这么说的。实际上，这句话是胡适先生根据笛卡尔的思想总结出来的。对于这个观点，笛卡尔描述的原话比较晦涩冗长，我把它附在了本节正文的后面。如果你感兴趣，可以看一下。

简单地讲，笛卡尔所谓的大胆假设，不是胡乱假设，而是说在做假设时，不能引入任何未经检验的先验知识，因为那样就有可能把正确结论首先排除在外了。比如，政府要制定一项政策，即通过提高税率的方式增加税收。这种政策以一个假设为基础，就是提高税率能够让税收成比例地增加，这个假设符合我们的直观感觉。但是，我们不能排除另一个假设，就是提高税率反而会使税收减少。即便这种假设不符合我们的认知，我们也不能在一开始就排除这种可能性。

笛卡尔大胆假设的思想可以追溯到中世纪后期的阿奎那。阿奎那试图调和各种思想，特别是基督教神学思想和亚里士多德的科学思想，他用的方法是"有包容的辩证法"。辩证法的英文是 dialectic，字面意思是"说话的艺术"。在哲学上，它特指柏拉图描述的那种苏格拉底引导大家不断对话，接近事物本质的讨论方法。阿奎那不是提出唯一的命题，然后千方百计地证明其正确性，而是先不作预设，把各种看似矛盾的观点列出来，然后一点点分析，看在哪个层面是对的，在哪个层面犯了错误。当然，和阿奎那有所不同，笛卡尔在求证方面放弃了考据这种经院哲学家的做法，转而强调通过感知和理性去求证。

今天我们在工作中经常会进行头脑风暴，这其实就是阿奎那讲的列出所有可能性，或者笛卡尔说的大胆假设。可见，哲学家提供的很多工具和我们日常的一些做法是一致的，只不过我们是自发、无意识地采用了那些方法，哲学家则希望那些方法能成为人们做事的规范。

虽然我们通常把笛卡尔看成理性主义的代表人物，认为他站在经验主义的对立面，但他其实并不否认感知的重要性。他还举过这样一个例子：一块蜂蜡，你能感觉到它的形状、大小和颜色，能尝到它蜜的甜味，能闻到它花的香气，你必须通过感知认识它。然后，你把它点燃[1]，能看到它性质的变化，它开始发光、融化。把这些联系起来，才能上升到对这块蜂蜡的抽象认识。当然，笛卡尔最终看重的是获得关于蜂蜡的本质认识，而不是大量的直观经验。因此，他强调要靠逻辑这个工具，而不是靠个人的聪明才智获得结论。笛卡尔指出，不同的人会对

---

1 过去，蜂蜡常常被当作蜡烛使用。

同一事物产生不同的感知，因此根据个人感受得到的结论是不可靠的。相反，逻辑不受个人感受影响，因此不同的人根据逻辑得到的结论是相同的。只有这样的结论才可靠，才有普遍意义。这其实就是小心求证。

具体来说，"小心"有两层含义。第一层含义是我们通常意义上讲的小心，就是要保持头脑清醒，在了解真相的情况下作出判断。第二层含义是利用人的能动性，也就是理性。只有利用了能动性，才能得到正确的结论。

第三，化繁为简。

通常，一个没有答案的问题会很复杂，不太可能一下子解决，我们要尽量把它分解成多个简单的小问题来研究，一个一个地分开解决。这一步也被称为分析。

你可能有这样的体会：生活中有些人好像特别能干，什么事到他们手里都能解决，哪怕是一些和他们所学专业无关的问题。比如，家里各种电器或者设施坏了，他们琢磨琢磨就都能修好。别人在工作或者生活中遇到困难，找他们帮忙，他们给的办法也都是可行的。这些人给人的感觉是什么都会，外人以为他们懂的特别多。其实，他们并不完全是知识丰富，而是善于拆解问题。反之，不善于解决问题的人往往都有一个共同特点，就是不会拆解问题。可以说，所谓解决问题的能力，大多就体现在能拆解问题上。

生活和工作中的难题就像是一道复杂的几何题，有人见了会发懵，有人则能拆解开，对应到一些简单的定义、公理和定理。对于前人没有解决的难题，有人能解决掉，有人则是一头雾水，原因就在于前者会拆解，后者不会。假如给我们一整头牛要我们吃，我们一定会无从下口。但如果我们有庖丁的本事，把牛分解了，就能吃到肉了。

第四，先易后难。

在解决被拆解出来的小问题时，笛卡尔说应该按照先易后难的次序逐步解决。

解决难题时，很多人是怀着挑战自我的心态去攻关，觉得自己能逆流而上，解决了问题特别有成就感。其实，真正善于解决问题的人，首先会判断被拆解出来的小问题中哪些容易解决，哪些比较难解决。通常，当大部分容易解决的问题得到解决后，看上去较难的问题也就变得容易解决了。如果你玩过拼图或者数独游戏，应该对这一点深有体会。如果非要坚持把随手拿起的碎片拼上去，或者一定要先把某个格子里的数填上，你可能半天也不会有什么进展。但如果先把能拼的碎片都拼好，把能填的数字都填上，剩下的就不像一开始那么难了。

所谓的死磕精神和知难而上是可敬的，但解决问题要讲究方法。我们常说的那些能干的人，未必是花费了更多时间的人，反而更可能是能按部就班解决各种问题的人。

第五，综合答案。

在每个小问题都得到解决之后，再把答案综合起来，看看是否将原来的问题彻底解决了。在笛卡尔所处的时代，这不是一件难事，因为那时的问题还比较简单，复杂问题常常是简单问题的叠加。而今天，复杂问题常常来自一个复杂的系统，即使我们把系统每个局部都搞清楚，也不等于能够通过简单的拼接还原系统这个整体。因此，我们还需要花大量时间搞清楚每个局部之间的关联。打个比方，如果说过去的问题是小孩搭积木，把每个积木放好后，就有一个房子的样子了；今天的问题则是要盖一栋真正的房子，砖与砖、钢筋与钢筋之间不能只是简单垒放，而要用水泥把每块砖粘上，用电焊机把每根钢筋焊上。

以上的五个要点中，前两个是原则，是"道"；后三个则是方法，是"术"。把后三个要点结合到一起，其实就是今天做事情最有效的方法，是进行科学研究，以及解决大部分复杂问题时，我们常常要用到模块化方法。模块化方法的核心，就是问题分析、模块实现和模块集成。这种方法还能带来很多副产品，因为很多模块将来都可以重复使用。在科学研究中，每解决一个复杂问题都会带来许多意外惊喜。比如，证明了一道数学难题，常常会同时发现很多新的定理，这些新定理就是那些中间模块。在历史上，像曼哈顿计划[1]或阿波罗登月计划等复杂计划都催生出了许多新技术。人类在科学革命后获得了可叠加式的进步，跟作为中间模块的技术能被重复使用有非常大的关系。

在笛卡尔之前，人们并非完全不懂得探求知识、发现新知的方法，但他们做事的方法大多是自发形成的，做事的成与败完全取决于个人的先天条件、悟性或者特殊机遇。比如，古希腊著名天文学家喜帕恰斯能发现一些别人看不见的星系，一个重要原因是他视力超常；开普勒发现关于行星运动的三大定律，是因为他从老师那儿继承了大量宝贵数据；亚里士多德能成为最早的博物学家，则在很大程度上仰仗于他的学生亚历山大大帝带着他到达了世界各地。这些条件常常难以重复，因此，别人能做成的事情，我们未必能做成，甚至是第一次做成了，第二次也未必还能做成。这样，人类文明进步的速度当然快不了。

在笛卡尔之后，情况就不同了。笛卡尔总结出了完整的科学方法，大家自觉遵循这套方法，别人能做成的事情，我们也能做成；第一次能做成，第二次还能做成。于是，人类文明进

1　美国于 1942 年开始的研制原子弹的计划，称为曼哈顿计划。

步的速度就大大提高了。

最后来说说笛卡尔这个人。笛卡尔称得上开创科学时代的祖师爷之一，受到他影响的学科，不仅包括他研究的数学和光学，还包括其他很多自然科学，比如生理学和医学。可以说，笛卡尔不仅是让哲学发展转向的人物，也是科学史上划时代的人物。笛卡尔对人类贡献巨大，但他一生低调，为自己选择的墓志铭是"善生活者，顾隐其名"（Bene qui latuit, bene vixit）。

推荐阅读

Adrien Baillet, *The Life of Monsieur Descartes*

附录：笛卡尔关于"大胆假设、小心求证"的描述

根据英国哲学教授约翰·科廷厄姆等人整理的《笛卡尔文集》（*The Philosophical Writings of Descartes*），笛卡尔写道：

> 首先，一旦我们认定我们已经正确地感知了某件事，我们就会自发地相信它是真实的。现在，如果这种信念如此坚定，以至于我们不可能有任何理由怀疑我们所确信的东西，那么我们就不会再进一步探究为什么了：我们已经懂得了我们想要的一切。……因为我们对我们所做出的假

设是如此确定，以至于我根本不相信它们会是不对的，而这样的假设，分明就是最完美的肯定。

这段话表明，笛卡尔反对预先设定一个自以为正确的想法，然后再自说自话地证明自己。笛卡尔还写道：

很明显，我［只有］在能够足够清晰和敏锐地理解真相时作出判断，才能保证我做得是对的，并且避免了错误。但是，如果我［对结论］不置可否，那说明我就没有很好地使用能动性。

充分性推理：
凡事有果必有因吗

笛卡尔总结的方法让我们能从已知的知识出发，经过理性思考或者实践发现新的知识；德国哲学家、数学家和逻辑学家莱布尼茨则告诉我们，凡事有果必有因，不存在没有原因的结果。同时，当一件事发生的所有必要条件都凑足了之后，这件事就一定会发生。

在国内，人们通常把莱布尼茨看成一位了不起的数学家，因为他和牛顿同时发明了微积分，他还提出了二进制，发明了一种机械计算机。但实际上，莱布尼茨在哲学史上的地位并不亚于他在数学史上的地位。和笛卡尔一样，他也是欧洲理性主义哲学的代表人物之一。

莱布尼茨是一位逻辑极为严谨的学者，而且非常喜欢刨根问底，因此他花了很多时间去思考原因和结果之间的关系。他在认识论上最大的贡献是提出了充足理由律（Principle of Sufficient Reason）。不过，这个名词听起来有些拗口，我们把它理解为"充分性推理原则"就好了。这是今天人们认识世界的主要认知工具之一。比如，今天我们了解了宇宙构成的基本结构、生命构成的基本原理，都是按照充分性推理原则工作的结果。

在介绍充分性推理原则之前，要先讲讲无条件绝对真理和有条件相对真理之间的区别。

无条件绝对真理VS. 有条件相对真理

"真理"这个词在拉丁语中对应的是 veritas，在英语中对应的是 truth，它不一定是指高大上的结论，其准确的含义是"正确的陈述"。任何陈述句都是可以判断真伪的，而判断结果为真的陈述就是真理；相反，判断结果为假的陈述就不是真理。比如，我们说"1+1=2"，这句话为真，因此它就是真理。再比如，我们说"2+5=3"，这句话为假，因此它就不是真理。此外，有些陈述的判断结果在任何条件下都是真的，或者说它们是无条件成立的，这种真理在逻辑上被称为永真真理（necessary truth），或者说绝对真理。有些陈述则只能在一定条件下成立，在另外一些条件下不成立，这种真理被称为有条件的真理（contingent truth），或者相对真理。

那么，什么是永真真理呢？"1+1＝2"就是一个永真真理，因为 2 的定义就是如此。当然，有些对数学一知半解的人可能会问，在二进制中，1+1 难道不是等于 10 吗？会这样问的人显然是不懂二进制。在二进制中，10 就是 2，这只是写法上的问题，一个数字的大小并不会因为采用不同的进制或者写法而改变。不仅在数学上有这样的永真真理，在生活中，有很多表述也是永真的。比如，我们说"单身人士是不在恋爱或婚姻状态的人"，这就是一个永真真理。

从上面这两个永真陈述的例子可以看出，它们的表述其实都是重复的，后半句话其实是在重复前半句话的内容，或者是对前半句话的解释。因此，这样的表述也被称为重言式。你可能会说，这样的真理有什么用？这不就是一些重复的话，或者说是定义吗？的确，它们看上去只是一些重复的语言，但它们确实是真理，因为它们是对的。至于有没有用，那就是另一回事了。实际上，这些看似重复的话还真能帮我们构建起知识体系。

比如，我们定义了如下内容：

$1+1=2$，

$1+2=3$，

$1+3=4$，

它们都是重言式，看似是废话，但我们用逻辑这个工具把这三个命题放在一起，就能得到下面这个新的永真命题：

1+1+1+1=4。

继而，我们又可以得到一个新的正确结论：

2+2=4。

事实上，整个数学体系中加法的成立，就是以这些所谓的废话为基础的。

除了重言式和由重言式推导出来的永真真理，其他正确结论都是在一定条件下才能成立的，也就是前面讲的相对真理，或者说有条件的真理。自然科学中的真理都属于这一类。

举个例子。在中学物理课上，我们都学过一个真理——水烧到 100 摄氏度就会沸腾。这个说法对不对呢？你拿一壶水去烧，然后用一个温度计测温度，发现烧到 100 摄氏度，水开了，这就证实了上述结论，因此它是真理。但是，这个真理成立是有条件的。如果是在青藏高原上，水烧到七八十摄氏度就开了，因为那里气压太低。相反，如果是在两个大气压下烧水，水烧到 100 摄氏度也不会开。因此，"水烧到 100 摄氏度就会沸腾"这个真理是相对的、有条件的，而（一个）条件就是气压不能太高或者太低，需要是一个大气压。

充分性推理原则的两个要点

相对真理有条件的属性引发了莱布尼茨的两点思考，下面分别来看一下。

第一点思考是，如果条件满足了，结论就一定能成立吗？

不一定。前提条件分为两种，一种是充分条件，另一种是必要条件。充分条件出现了，结果必然出现。必要条件出现了，结果不一定出现；但如果必要条件不出现，结果一定不会出现。以水烧开为例，就算是在一个大气压下，水烧到 100 摄氏度也不一定能开，因为如果水里有杂质，沸点就会高于 100 摄氏度。因此"一个大气压"只能算"水烧到 100 摄氏度就会沸腾"的必要条件。

通常，在看到一些现象或者结果后，我们总是希望找到原因，并且找到导致它必然发生的原因，即充分条件。比如，我们经常会这样问别人："我答应这个条件，你就一定能把事情办成吗？"这就是想要找到充分条件。但大部分时候，我们只能找到一些必要条件。然后，当我们付出了很高的代价让那些条件全部具备之后，却发现期待的结果并没有发生，进而感到非常失望。比如，你在单位工作非常努力，达到了职级提升的绩效要求，但这次被提拔的人中依然没有你，你肯定会很郁闷。

其实，绩效达到要求通常只是被提拔的必要条件，而不是充分条件，老板和同事写很好的推荐材料可能也是必要条件之一。只有满足所有必要条件之后，你才有可能被提拔。

莱布尼茨讲，任何事情的发生都有原因，当我们把所有必要条件都找齐了，就形成了充分条件，结果就一定会发生。为什么这么说呢？假如你把必要条件凑齐了，结果还没有发生，就说明至少还有一个必要条件没有找到，你其实并没有凑齐所有必要条件。因此，只要结果没有发生，你就可以继续探究原因，然后不断增加必要条件，直到把所有必要条件凑齐。这就是充分性推理原则。善于在职场上"混"的人，都会事先把晋升的所有必要条件问清楚，并从老板那里问清楚自己还有什么地方做得不够好。所谓做得不够好的地方，其实就是还没有满足的必要条件。

充分性推理原则向我们揭示了探究事物本源的方法。这个探究的过程，其实是一个不断证伪先前结论的过程。还是以水烧开这件事为例。当我们找到"水被加热到 100 摄氏度"，以及"一个大气压"这两个必要条件后，如果发现水没有烧开，那就说明一定还有我们不知道的原因。比如，把一勺盐放到一升水中，然后去烧，水沸腾的温度会超过 100 摄氏度。如果烧的是高浓度的糖水，烧到 110 摄氏度，水也不会沸腾。于是，我们又找到了"水烧到 100 摄氏度就会沸腾"的另一个必要条件——水必须是纯水。

在很长时间里，我们都接受了"在一个大气压下，纯净水加热到 100 摄氏度就会沸腾"的结论，似乎这几个必要条件凑在一起，就已经构成了让水沸腾的充分条件。但在有了微波炉之后，人们发现把水装进杯子里，然后放进微波炉加热，即使上述条件都满足，加热到 100 摄氏度水也不一定会沸腾。但如果把杯子从微波炉拿出来晃一下，水杯里的水突然就"炸"了。这说明还缺少一个让水沸腾的必要条件，而那一晃让这个必要条件被满足了。这又证伪了以前的结论。于是，大家继续找原因。后来人们发现，用壶烧水，水壶里的温度是不均匀的，靠近壶底和壶壁的水较热，中间的水较凉，这就形成了对流。有对流，水烧到 100 摄氏度就会沸腾。与之相对，用微波炉加热，水内部的温度是均匀的，不会形成对流，水就暂时不会沸腾。一碰杯子，水一晃，形成了对流，里面的开水迅速汽化，也就"炸"了。

就这样，通过证伪之前的结论，人们找到一个又一个新的必要条件，形成更准确的充分条件，人类的科学就会不断往前发展，日积月累，人类的知识总量也就增加了。人类在 17 世纪进入科学时代之后，大部分新知识都是通过这种方式获得的。

第二点思考是，对原因的原因不断溯源。

还是用一个物理学的例子来说明。我们上中学时都学过，物质是由分子构成的。这是一个我们都深信不疑的真理，很少有人会觉得它的成立也需要条件。其实，这个真理的成立还真是有条件的，条件就是分子能够形成。那么，分子为什么能够形成呢？进一步探究我们就会发现，那是因为构成分子的原子能够靠化学键结合在一起。否则，就无法形成分子。比如，太阳内部温度过高，原子运动太快，就无法形成分子，此时物质就不是由分子构成的。

接下来，我们可以追问：原子为什么能靠化学键结合在一起呢？这就涉及原子的结构了。原子由原子核和电子组成，不同原子可能会共享外围的电子，这是化学键形成的原因。化学键就像胶一样把原子粘在了一起。了解了这个原因，我们还可以继续追问：原子核是由什么构成的？最后人们发现，原子核是由带正电的质子构成的。于是又有了新的疑问：那些相互排斥的质子为什么能组合在一起形成原子核呢？经过探索和研究，人们发现，原子核内部存在核力，它将质子牢牢地捆在了一起。因此，强核力是形成原子核的原因。

就这样，我们可以对任何一个相对真理一步步溯源，找到最基本的充分条件。于是，人类的知识就能通过充分条件形成一个逻辑链。这就是莱布尼茨充分性推理原则的另一个要点。

我们所谓的科学研究和社会实践，其实就是在不断探索越来越深、越来越基础的原因。了解了这些原因，我们不仅能知道为什么我们身处的世界是这样的，还能知道一旦很多条件都凑到一起了，接下来会发生什么。

讲到这里，你可能会有一个问题——这样不断追根溯源，会不会到某一个点就探究不下去了？

在数学领域，这个问题比较简单。数学中的所有结论都是由那些不证自明的公理推导出来的，因此数学上的所有探究都止于公理。

在自然科学领域，情况就复杂多了。这种追根溯源可以是无穷无尽的，因为我们总是可以不断通过这样的提问问下去，直到问到没有人能回答。比如，对于分子和原子的结构，我们可以深入到原子核里找答案。对于原子核的结构，我们可以往物理学基本模型的方向找答案。再往下，今天人类的了解就非常有限了。继续往深里探究，不仅会遇到问不下去的问题，找到的各种必要条件也可能不够多、不够充分，以至于我们无法对某些结果给出合理的解释。比如，在物理学领域，量子力学和广义相对论就至今都无法统一，因为我们对它们成立的充分条件还不够了解。即便有一天我们彻底了解了它们成立的充分条件，也可以继续问那些条件背后的原因又是什么。

对于这样不断的追问，在无法搞清接下来的原因时，很多科学家会把这个问题先放在一边，引入一个"上帝"的概念，把它作为一切根源的根源。事实上，莱布尼茨提出充分性推理原则也是为了证明上帝的存在。当然，莱布尼茨说的上帝和《圣经》所说的上帝也不是一回事。莱布尼茨那个时代的哲学家和科学家们希望通过自己的理性找到上帝，而不是被灌输上帝是什么样的。

相比于自然科学，人文学科和社会学科中的现象更难溯因。不管是一个多么小的社会事件或者历史事件，发生之后都不会再重复了，不像在科学领域，同样的实验可以反复做。因此，我们不仅难以找到充分条件，甚至难以验证一些必要条件是否真的必要。

比如，对于辛亥革命爆发，学者们至少找到了几十个原因。当然，不可否认的是，清朝灭亡是因为辛亥革命，辛亥革命的导火索是武昌起义，武昌起义爆发的一个重要原因是四川爆发保路运动，调走了湖北的新军。但是，四川保路运动的爆发是否就是清朝灭亡的充分条件呢？显然不是，肯定还要具备很多其他的条件。那么，这些条件又是什么呢？另外，四川保路运动的爆发是否算得上清朝覆灭的必要条件呢？对此学者们也有争议。但很显然，我们不能认为如果没有爆发四川保路运动，就不会爆发辛亥革命。

正是因为在人文学科和社会学科的领域，很难像在自然科学领域那样有可重复验证的环境，不同学者才会对同一事件得出不同甚至截然相反的结论。我们经常会看到，很多领域都是各派思想争论不休。这并不能说明哪一派错了，只能说明寻找原因很难。也正是因为如此，学术领域才特别需要宽容的环境，让各派人士都能说出自己的想法。

如何使用充分性推理原则

充分性推理原则是每个人都应该主动使用的分析问题的方法。具体来说，到底该怎么使用呢？

首先，对于任何结论，我们不仅要看它是否符合事实，还要看它是否符合逻辑，这就是理性。

很多时候，所谓事实其实是与真实情况有偏差的。比如，一篇报道，只要删掉 5% 的文字，它就可能会呈现出与之前完全相反的结论。但是，如果我们能追根溯源，从原因出发，利用逻辑推导一下结果，就会发现很多被忽视和遗漏的事实。

举个例子。经济学领域有个词是"克强指数"，它是用耗电量、铁路货运量和银行贷款发放量来加权计算，得到的衡量中国 GDP（国内生产总值）增长量的一个量化指标。这个指数是怎么来的呢？2007 年，时任辽宁省委书记的李克强在与来访的美国驻华大使雷德谈话时提到，他会用这三个数据来追踪辽宁省的经济发展状况。后来，英国杂志《经济学人》受此启发，提出了这样一个计算指标，并以李克强总理的名字命名。具体的公式是：克强指数 = 用电量 ×40% + 铁路货运量 ×25%+ 中长期贷款余额 ×35%。这个指标的计算，其实就体现了纯粹理性的逻辑，因为用电量和制造业水平呈正相关关系；物流产业的总产值占全世界 GDP 的 1/8 左右，和 GDP 也是呈正相关关系；中长期贷款余额是资本扩张的体现，而资本扩张的程度和经济繁荣又是正相关的。可以说，这三个数据是 GDP 增长背后的主要推动因素。将它们和其他经济数据对比，就能发现其他经济数据可能忽略的事实。

这件事提醒我们，我们总是需要理性思维的。对于所有重要的结论，我们都需要探究其原因，而不是人云亦云地接受。有很多人问我，今天各种消息层出不穷，究竟该如何判断一个消息的真实性呢？其实，纯粹理性原则就是一个很好的判断工具。

其次，要搞清楚充分条件和必要条件的区别，也要搞清楚

因果关系链。

很多人会把必要条件当作充分条件，结果自己预期的事情没有发生，就开始抱怨或者不知所措。比如，有人读书很用功，但成绩一直不好，就会抱怨"我学习这么用功，怎么总是考不好？"其实，用功只是成绩好的必要条件，远不是充分条件。不仅用功不能保证成绩好，就算确实学得很好，也未必就能把考试考好，因为学得好也只是考试成绩好的必要条件。

莱布尼茨讲，把所有必要条件都找到，才能构成充分条件，充分性推理才能成立。很多时候，只是找到一件事的直接原因还不够，还需要找到原因的原因。比如，有人考试考得不好，把简单的题都做错了，于是把原因归结为粗心。这就是只找到了直接原因。其实粗心本身还有原因，不同人粗心的原因可能有所不同。有人是考试时不够专注，有人是本来就没有搞懂那些考点。不找到粗心的原因，下次还会粗心丢分。

最后，我们该如何学习，该让孩子接受什么样的教育？

我常常讲，有疑问就该思考、提问。很多人自己看书学习，遇到不懂的问题就跳过去，最后简单地记住一个结论。这是不可取的。几乎所有结论的成立都是有条件的，没有搞懂原因而死记硬背，将来就难免生搬硬套。

教育孩子时，很多老师和家长会被孩子的不断追问搞得不耐烦，于是简单地说一句"书上就是这么说的"，或者"别问了，记住这个结论就好"。这种回答，和几百年前天主教告诉大众"《圣经》上就是这么写的"没有任何差别。这样教育孩子，只会打击他们开动脑筋的天性，抑制他们的创造力。

如果孩子养成了不断刨根问底找原因的思维方式，即便将来不去做科学研究，他也会成为一个有独立思考能力和判断力的人。近代以来，西欧和北欧新教地区在科技发展方面体现出了很强的创造力，这和当地的理性主义传统是有关系的。像笛卡尔、莱布尼茨和斯宾诺莎这几位理性主义代表人物，都出身于这些地区。相反，在南欧天主教地区对科技发展的贡献则相对较小，这和当地人习惯于死守教条有很大的关系。总的来说，近代以来的文明进步，和人们充分发挥理性去判断、去怀疑的思想传统有直接关系。

今天很多人都希望自己有创造力，也希望把孩子培养得有创造力。我想，培养创造力的第一步，应该就是培养理性思维。

延伸阅读

［英］罗素：《西方哲学史》

［英］玛丽亚·罗莎·安托内萨：《莱布尼茨传》

理性主义者也会
信仰上帝吗

你可能经常会听到这样一些说法：牛顿晚年笃信上帝，花了很多时间研究神学，或者今天很多顶级科学家都相信上帝。这些说法是事实，但很多人讲这种话通常不是为了表述事实，而是为了达到其他目的。一种人是想以此来贬低牛顿等科学家。意思是，你看，那些科学家的思想也有历史局限性。另一种人则相反，是为了抬高宗教的价值。意思是，你看，科学发展到最后都解决不了的问题还得诉诸宗教。

这两种人既不了解历史，也不了解科学家。一方面，牛顿等科学家并不是到晚年才开始相信上帝的，而是从小就相信，这就如同中国古代的人都要祭拜祖先一样。因此，刻意强调他们晚年相信上帝，显然是无视了历史和西方的文化背景。另一方面，包括牛顿、爱因斯坦在内的很多近代以来的科学家，所信仰的上帝和《圣经》所描绘的具有人的形态和人格的上帝是两回事。他们不否认上帝的存在，但他们心中的上帝是"世界理性"或"有智慧的意志"的化身，同时反对宗教的蒙昧主义和神秘主义。这些人通常被称为自然神论者。事实上，从阿奎那开始，自然神论就成了欧洲知识阶层的信仰。除了牛顿和爱因斯坦，对开创化学起到重要作用的普里斯特利[1]，哲学家和思想家约翰·洛克、斯宾诺莎，以及后来法国大量的启蒙学者，如伏尔泰、孟德斯鸠、卢梭等人，都是自然神论者。那么，这些知识精英为什么一定要找一个信仰呢？因为他们和莱布尼茨一样，相信世界上所有结果都有原因，当他们不断溯源时，最后总要找到一个"始因"，这个始因就是他们所谓的"上帝"，或者说"造物主"。

在论述被作为规律化身的上帝方面，最有代表性的观点来自斯宾诺莎。说到"斯宾诺莎"这个名字，你可能并不陌生。他是大名鼎鼎的荷兰哲学家，也是理性主义的代表人物之一。不过，很多人知道他，是因为他在哲学课中被贴上了"唯物主义哲学家"的标签。除此之外，绝大部分中国人对他了解甚少，甚至不清楚"唯物主义"这四个字安在他头上其实不是很确切。在哲学史上，斯宾诺莎最有名的观点就是他对上帝特殊的认识，或者说，他总结了理性主义者心中的上帝是什么样的。

---

1 约瑟夫·普里斯特利（Joseph Priestley），英国化学家，发现了氧气。

要讲清楚这个问题，先要讲一个哲学和宗教上的概念——transcendence。在中文里，这个词被翻译成"超越"，但从"超越"这两个字的字面意思，你无法理解 transcendence 的真实含义。因此，我们不妨通过一个例子来说说这个词究竟意味着什么。

我小时候养过鱼。我把金鱼放进一个大鱼缸，每天从鱼缸顶部撒点食物给它们。过一阵子，我就把它们捞出来，给鱼缸换一次水。平时，我会时不时地在鱼缸旁边看它们。这一切都是由我控制的。对鱼来讲，它们并不知道食物从哪里来，只知道时不时地会有食物从天而降。它们也不知道自己什么时候会被一个网子或者小罐子捞起，在那一段时间，它们会很难受，但过一会儿，它们会觉得自己生活的世界好像干净了很多，只不过水温发生了微小的变化。此外，它们在水里游，呼吸着水中不多的氧气，也不知道氧气从哪里来，甚至不知道自己在呼吸氧气。如果鱼缸里有一个加空气的小泵，小泵不断产生气泡，那里的氧气会充裕一些，但鱼并不知道气泵的存在。当然，最重要的是，它们感觉不到我的存在，不知道有一双眼睛在时不时地看着它们。对这些金鱼来讲，我的存在就是transcendence，我就是它们的"上帝"。

从这个例子，你可以体会到"超越"这个词的三层含义。

第一层含义是超出认知范围。比如，对鱼来讲，人的行为就超出了它们的认知范围。至于食物从哪里来，氧气从哪里来，水为什么变清、变冷了，也都超出了它们的认知范围。

第二层含义是超出我们之外，在不同的维度和时空。比如，鱼的世界就是那个鱼缸，而人在它们之外，它们是永远无法触及的，它们在鱼缸里也无法理解鱼缸以外的世界。

第三层含义是指我们作为超越者，创造了一个世界。比如，对鱼来讲，鱼缸里的一切环境，包括鱼缸的位置，水和空气的循环系统，里面的假山石和食物，都是我们创造的。

理解了这三层含义，就能理解传统的一神教是如何用"超越"这个概念来描述上帝的。简而言之，把鱼换成我们，把我们换成上帝就可以了。各种一神教虽然教义有所不同，但都强调以凡人的智力和生活体验是无法理解上帝的；上帝生活在和我们不同的时空，而我们的世界是上帝创造出来的。今天，虽然一些宗教人士都不否认宇宙大爆炸了，但关于大爆炸的根源，甚至根源的根源，他们依然认为是一种超自然的神秘力量，也就是上帝。

斯宾诺莎并没有明确否认上帝的存在，但他从另一个角度诠释上帝，其实就是间接地否定了上帝的超越性。斯宾诺莎认为，上帝的特性是 immanence。这也是一个哲学和宗教上的概念，在中文里被翻译成"内在性"。从"内在性"这三个字上，我们还不能完全了解它的真实含义。其实，它在哲学上的意思是，上帝无所不在地渗透到我们的物质和精神世界里。但内在性所描绘的对象依然在我们的世界范围内，并没有超越到另一个维度和时空，也不像我们和金鱼的关系那样，后者无法认知前者。斯宾诺莎对上帝作了如下描述：

第一，上帝是内在的、固有的、时时刻刻都存在的。虽然我们不一定看得见，但他就在我们中间，并不是在一个高高的外围空间注视着我们。

第二，世间万物都有神在里面渗透着。这个万物既包括我们看得见的花草鱼虫、宇宙星辰，也包括我们看不见的空气、电磁波、引力场等，甚至还包括我们的意识和思想。

第三，上帝包括自然的规律（laws of nature），比如数学上的勾股定律、牛顿的力学定律、爱因斯坦的相对论、经济规律等。

可以看出，斯宾诺莎眼中的上帝和传统宗教中的上帝完全是两回事，前者更像今天所说的大自然和自然的规律。那么，斯宾诺莎又是如何理解大自然的呢？他认为世间万物都归于同一种物质（substance），这种物质不同于山川河流、动植物等我们常说的具体的物质，而是宇宙中实实在在存在的一种状态。

世间的一切，包括我们说的具体的物质、自然的规律、时间、空间等，都源于这种物质。斯宾诺莎还认为，世间万物的根源只有这一种物质，他用了 monism（单一）这个词来形容。

很显然，斯宾诺莎说的这种单一的物质是无法被证实的。打个比方，它有点像几何学中的公理，虽然存在，但无法证明。虽然今天的物理学发现，世间所有物质最终都是按照一定规律组织起来的能量，但能量依然有一个从何而来的问题，不能将它等同于斯宾诺莎所说的最本源的物质。

有了最基本的假设，斯宾诺莎又提出了第二个概念——延伸（extension）。最本源的物质在自然界延伸，于是有了各种特性（attribute），有了我们的思维，以及我们通过思维能够看到、感知到的世界。当然，大自然还有很多特性我们感知不到，那是因为我们的认知水平不够高。比如，在牛顿之前，我们感知不到万有引力；在爱因斯坦之前，我们感知不到相对论；在望远镜被发明出来之前，我们感知不到木星的卫星；在显微镜被发明出来之前，我们感知不到微生物。但是，随着我们的认知水平不断提升，我们能感知更多的东西。那么，什么人，或者什么力量能感知到全部的大自然呢？就是斯宾诺莎眼中的上帝！

从物质的延伸，也就是我们的思维以及我们感知世界的能力出发，斯宾诺莎进一步提出，自然的规律具有确定性。比如，我们看到的日月升起又落下、春华秋实、冰雪遇热融化等现象，都具有确定性，因为那些现象背后有规律可循。我们可以认为，那些规律就是上帝的一部分。而正是因为有确定性可循，我们才有可能找到那些暗藏的规律。在科学启蒙时代，牛顿等人的工作都是在这种认知前提下完成的。

当然，你可能会问：斯宾诺莎这套哲学思想能证实吗？它既不能被证实，也不能被证伪，就如同传统宗教意义上的上帝无法被证实，也无法被证伪一样。对于这样的答案，你可能会不满意，会接着问：既然它不能被证实，也不能被证伪，那我为什么要相信？其实，一个人相不相信斯宾诺莎所说的上帝并不重要，重要的是我们对待规律要像教徒对待上帝一样虔诚。"信仰"这个词，显然包含了"信"和"仰"两层含义。同样，对于规律，我们不仅要信，还要仰视它。用易中天先生的话说，很多人对规律是"信而不仰"。今天觉得客观规律对自己有利，就相信它；明天觉得它似乎妨碍了自己的意志，就不再信了，随意违反它。这种实用主义的做法会让我们时不时碰壁。

斯宾诺莎的思想极具理性光辉。他不迷信，否定了一个具有超越性的上帝；但他尊重这个世界的规律，认为世界上有一个在我们身边发挥作用的上帝。从文艺复兴和科学启蒙时代开始，很多知识精英都抛弃了对神秘力量的迷信，不断努力去发现自然规律，这才有了近代以来文明的迅速进步。当然，他们也把自己的工作看成是在破解造物主创造世界的奥秘。对于一时搞不清楚的事物，他们宁可先存疑，相信这个世界上存在超出我们认知范围的事物，而不是主观地瞎解释。

　　和其他哲学思想一样，斯宾诺莎的哲学也是一种工具，能帮助我们理解这个世界，提醒我们尊重规律。

延伸阅读

　　[美]爱因斯坦:《我信仰斯宾诺莎的上帝》，载许良英等编译:《爱因斯坦文集》

牛顿如何开启了
西方近代社会

　　20 世纪末，美国著名物理学家麦克·哈特出版了《影响人类历史进程的 100 名人排行榜》。直到今天，这本书对历史人物影响力的排序依然被看成是最权威、最公正的。在这个排行榜中，牛顿排在第二位，仅次于伊斯兰教创始人穆罕默德，紧随其后的是耶稣、佛陀和孔子。牛顿之所以能够比肩这些奠定了人类思想基础的思想家，不只是因为他在科学上的巨大贡献，更是因为他作为一个思想家，改变了人类的思维方式，以及人类对自然和自我的认知。接下来，我们就抛开牛顿在数学、物理学等科学领域的成就，来看看他在方法论方面对人类的贡献。

　　牛顿在认知上的第一个贡献是让人们相信自己的能动性，相信世界的规律是可以通过人的能动性认识的。在牛顿之前，人类对自然的认识还充满了迷信和恐惧。一些今天在我们看来非常简单的问题，比如苹果为什么会落到地上，日月星辰为什么会升起又落下，在当时却是无法解释的。人类会迷信，就是因为无法解释在生活中看到的很多现象，进而把它们归结于神的作用。事实上，不是神创造了人，而是人创造了神。直到今天，很多人会相信各种阴谋论，也是因为搞不清楚很多事情发生的原因，也懒得搞清楚，当别人告诉他们背后有一种不知道的力量在控制世界时，他们就很容易接受。我把这种现象称为认知上的无知和被动。

与无知、被动相对应的，是有知识和主动。有了知识，原本觉得很神秘，像隔了层面纱般看不清楚的事情，就不再神秘了。比如，某段时间股市震荡得很厉害，一个对国家经济状况无知的人，很容易想到是不是有机构在恶意做空股市，专门想把他这样的散户洗一遍，想到这里就不免恐慌。其实，那种时候机构可能亏得也很多。与这种人相反，一个有相关知识的人会知道，股市的波动性可能来自通货膨胀造成的加息压力，加上那阵子某些地区局势紧张，带来了一些不确定性，再加上之前涨得太多，一些机构要锁定一部分利润等，股市回调就不奇怪了。

至于主动，就是遇到未知的情况，会用科学方法去寻找答案。牛顿通过自己在科学上的各种发现告诉人们，任何事情背后都存在规律性（在这一点上，他和莱布尼茨的观点是一样的），而人可以靠理性发现那些规律性。也就是说，人可以通过主动性使用理性，让未知变成已知。

在牛顿所处的时代，英国涌现出了一大批杰出的科学家，包括物理学家波义耳、显微镜的发明者胡克、计算出哈雷彗星运动周期的哈雷等。他们和牛顿一样，对人能够认识世界的规律非常有信心，然后每天的工作就是去努力发现这些规律。正是靠着这种主动性，人们才开始摆脱在大自然面前的被动状态，把未来掌握在自己手中——虽然人类有几千年的文明史，但整体进入理性时代只是最近三百多年的事。

牛顿在认知上的第二个贡献是，他教会了人们如何用纯粹理性的方式构建一个知识体系。 牛顿的《自然哲学的数学原理》（后文简称《原理》）和欧几里得的《几何原本》都是影响了人类文明进程的著作。如果对比一下这两本书，你会发现它们的结构异常相似，这是因为牛顿完全是仿照《几何原本》的结构写作的《原理》。前面讲过，《几何原本》是从几个简单的定义和公理出发，用逻辑推导出整个几何学。《原理》一书，则是先在（类似于）引言的部分给出物理学所涉及的定义，然后给出力学的公理和定律，包括著名的牛顿三大定律。接着，他从这些定义、公理和定律出发，构建起了整个经典力学的大厦。在整本书中，他都是以"引理—定理—推论[1]"的形式来讲述物理学原理的。通过《原理》一书，牛顿告诉人们，纯粹理性的推理不仅能解决数学问题，还能解决各种自然科学的问题。自牛顿以后，科学家们用数学和逻辑重构了自然科学，这才让自然科学变成了逻辑自洽、十分严谨的知识体系。

牛顿在认知上的第三个贡献是，他告诉人们要动态地看待世界和规律，要看整个过程，而不单单是看状态。这体现在他的微积分思想中。比如，在牛顿之前，人们会说"速度快"或者"速度慢"，但没有人能搞清楚速度从慢到快的变化过程。牛顿发明了微积分这个工具，用它可以动态地描述运动变化的全过程。再比如，你可能知道存在一个飞轮效应，就是说飞轮在刚开始受力时转得很慢，但后来会越转越快。很多人常常用它来教育大家要坚持长期主义，不能光看结果，要注重过程。但为什么会有飞轮效应呢？牛顿发明的积分，就很好地解释了加速度的积累如何导致速度的增加。

牛顿在认知上的第四个贡献是，他诠释了简单性原则。简

---

1 引理、定理和推论都是科学上的命题，或者说结论，但它们之间有所不同。定理是构成一个知识体系不可少的、重要的结论，它们搭建起一个知识体系的支架。引理是一些简单的结论，它们的意义不在于本身，而在于为得到定理做贡献。推论是定理在特定场合下的延伸，它们通常用来解决具体的问题。

单性原则通常被称为奥卡姆剃刀原理，这个名称来自英国 14 世纪圣方济各会修士和神学家奥卡姆的威廉。奥卡姆的原话是，"如无必要，切勿假定繁多"。在历史上，亚里士多德和圣托马斯·阿奎那等人都表达过类似的思想，但奥卡姆剃刀原理真正广泛流传开，得益于牛顿对它的诠释。牛顿是这样说的：

> 我们需要承认，自然事物各种现象的真实而有效的原因，除了它自身以外再无须其他，所以，对于同样的自然现象，我们必须尽可能地归于同一原因。

牛顿的这种认识论，把人类从繁琐的哲学中领了出来。从此，简单性原理被认为是科学领域的铁律。不仅牛顿自己发现的物理学定律和数学微积分的定理都可以用非常简单的公式描述出来。在牛顿之后，焦耳通过一个简单的公式描述了能量守恒原理，麦克斯韦通过几个简单的方程式描述了我们看不见、摸不着的电磁世界。到了近代，爱因斯坦只用几个公式就构建出了庞大的物理学新体系；詹姆斯·沃森和弗朗西斯·克里克则发现遗传载体 DNA（脱氧核糖核酸）只是由四种碱基构成的简单双螺旋结构。如果我们为一个简单的问题搞出一套非常复杂的理论，那大概率是我们走错了方向。

牛顿的这些思想，后来被概括为认识论中的机械论[1]，或者说机械思维。虽然今天说某个人思维太机械带有贬义色彩，但在人类的认知发展过程中，机械论具有划时代的意义。具体来说，机械论有以下三个核心思想：

第一，任何事物的变化都是有规律的，而且可以用一些形式上非常简单的文字或者公式描述清楚，这其实就是前面讲到的简单性原则。

第二，这些规律是确定的，在任何符合条件的地方使用，都可以得到正确的结论。这也被称为确定性原则。

确定性原则很重要，是保证我们能获得可重复成功的基础。实际上，在科学革命之前，人们觉得除了宗教的教义，其他没有什么是确定的，玄学、神秘主义和不可知论盛行。直到今天，依然有很多人相信玄学或者神秘主义。虽然世界上的知识体系千千万，但真正确定的、能够不断验证的知识，都是通过科学方法产生出来的。从科学时代起，那些主观捏造的、无法被证实和证伪的、不具有普遍意义的内容，都被科学剔除了。

第三，这些规律是有预见性的，能够预测尚未发生的事情，或者尚未被观察到的现象。

1　"机械论"这个词是由与牛顿同时代的英国物理学家波义耳发明的。

　　这一点很重要。我们之所以愿意花时间学习，就是希望所学的知识具有预见性，能帮我们解决之前没有遇到过的情况。举个例子。利用牛顿提出的原理，大科学家哈雷计算出了一颗彗星围绕太阳运转的周期，即每 75~76 年造访地球一次。虽然哈雷没有等到那颗彗星再回来的那一天，但那颗彗星后来的确在他所预言的时间回来了，于是人们用他的名字把那颗彗星命名为"哈雷彗星"。后人利用牛顿的理论，还能精确预测出上千年后日食和月食等天文现象的时间，这在过去是无法想象的。

　　相比于认识世界，改变世界对人类来讲可能更有现实意义，而这就要用到规律的预见性了。在牛顿之前，科学和技术是完全不同的两件事。研究科学的人不关心如何改进技术，改进技术的工匠则要通过长时间的经验积累，甚至是几代人的经验积累，才能将技术改进一点点。在牛顿之后，科学和技术开始融合，科学的结论可以指导技术的改进，而牛顿自己就是这方面的践行者。比如，他利用自己发现的光学知识发明了反射式望远镜，避免了折射式望远镜清晰度差的问题。今天世界上最大的太空望远镜詹姆斯·韦布空间望远镜用的就是牛顿望远镜的原理。事实上，牛顿之所以能当选为英国皇家学会会员，也是因为发明了这种新的望远镜。

　　从牛顿所处的时代开始，科学和技术紧密结合在一起，自此才有了"科技"这个词。今天,绝大部分人并不作科学研究,却需要学习基础科学知识,这也是因为科学的预见性。在历史上,瓦特就深受《原理》一书影响。正是依靠书中理论的预见性,他发明了万能蒸汽机,而这开启了工业革命。可以说,牛顿和后来瓦特的成就标志着理性主义的胜利。

在西方人看来,牛顿不仅开创了科学的时代、理性的时代,还开启了西方近代社会,对他如何盛赞都不为过。对我们来讲,对理性坚定的信念是不断成功的关键。

不过,理性是否是万能的?如果100年前问这个问题,得到的答案会是肯定的,因为当时的人对近代文明的成就坚信不移。但是,100年前发生的一些事情,同样让人们意识到理性也是有局限性的。

延伸阅读

[荷兰]斯宾诺莎:《伦理学》

[英]牛顿:《自然哲学的教学原理》

为什么理性主义不是
万能的

牛顿等人的科学成就，让理性主义的思想在欧洲得以确立。人们开始相信，理性主义可以解决一切问题。这种想法一直持续到 20 世纪初。今天我们知道，再好的理论也是有局限性的，理性主义也不例外。理性主义的一个重要基础，是莱布尼茨的充分性推理原则，但这个原则是有局限性的。

局限 I：无法证明自己的正确性

充分性推理原则是能够运用理性获得新知的前提条件，因为人们需要不断刨根问底，建立原因和结果之间的逻辑关系链，只有这样才能不断发现真理。但是，这个原理本身的正确性该如何保证呢？换句话说，我们显然无法用这个原理证明它自己的正确性。这便是批评者对莱布尼茨理论提出的最大挑战。

当然，你可能会觉得这是抬杠。但是，逻辑学家和哲学家对莱布尼茨的要求可比对普通人的要求严格得多。他们认为，既然莱布尼茨希望通过逻辑构建出一套纯粹理性的认知体系，那它就应该是自洽的，同时还要能演绎出所有结论为真的命题，也就是要具有完备性。所谓自洽，就是指结论之间不矛盾；所谓完备，就是指所有正确结论都能被推导出来。莱布尼茨的充分性推理原则显然没有满足这两个要求。不过，这件事不能怪莱布尼茨，因为没有人能做到。在 20 世纪之前，人们在认识论方面对理性主义也没有太多的怀疑。虽然在 19 世纪末，尼采等人已经开始担心靠理性和科学建立起来的现代社会是否陷入了发展的死胡同，但那只是在哲学上对社会发展本身的质疑。但进入 20 世纪，人类在数学和物理学上的成就反而让理性主义的缺陷凸显出来了。

在数学领域，伟大的数学家哥德尔提出了哥德尔不完备定理，并且严格地证明了它。这个定理的大意是，绝大部分公理系统不可能既是自洽的，又是完备的。这个发现不仅打碎了著名数学家希尔伯特希望通过纯粹的逻辑建立一个大一统的数学体系的构想，还揭示了任何知识体系自身都固有的问题，就是自己无法证明自己的正确性。

在物理学领域，量子力学的研究成果表明，很多物理现象并不存在因果关系，而不确定性也是世界的天然属性。1927

年，海森堡提出了测不准原理，表明在微观世界存在很多不确定性。或者说，我们观察到的客观现象受到我们的主观影响，并不是纯粹客观的。在此之前，人们相信有完全不依赖于主观而存在的客观。1935 年，薛定谔提出了一个思想实验，后来该实验被称为薛定谔的猫。薛定谔设想，把一只猫和一个装有剧毒气体的瓶子一起放进一个封闭的环境，瓶子中至少有一个原子随时可能会发生核衰变事件，进而打碎瓶子，导致这只猫死亡。照理讲，猫是死是活是客观事实，和人无关。但是，由于核衰变发生完全是随机事件，在打开盒子进行观察前，人们无法判断猫的生死。因此可以说，是人的观察决定了猫的生死。量子力学被提出来之后，人们才认识到，同样的因，有可能得到不同的结果，在微观的世界里，并不存在简单的因果关系。

回顾一下前面的内容会发现，理性主义被奉为圭臬的历史原因就在于世界的确定性，以及凡事有果必有因、有因必有果的状态。比如，在牛顿和莱布尼茨所处的时代，一旦人们找到了行星和彗星围绕太阳旋转的原因，那么它们今年这么转，明年还是这么转；哈雷彗星离开了，76 年后还会再回来。在生活中，人们之所以会相信某个辅导老师能帮自家孩子提高成绩，某个足球教练能带队出线，某个医生能把疑难杂症治好，就是因为相信确定性和因果关系的存在。反之，如果告诉大家好的辅导老师和学生取得好成绩不存在因果关系，结果都是随机的，很多家长肯定就不会花钱请他们了。同理，人们也就不会特意花钱请某位教练或者找某位医生了。20世纪物理学的发展，就让人们几个世纪以来一直坚信不移的理性主义的基础受到了挑战。

除了物理学的发展，给确定性带来挑战的另一个原因是，人们发现当把简单的问题都解决了，要解决复杂问题时，那个问题所依赖的必要条件太多了，以至于无法把它们都找到，即使能找到，也没有能力都搞清楚。比如，美国各种经济指标有上万个，它们都会影响股市的表现，但我们无法把各个指标和股市的关系都研究清楚。在这种情况下，股市看上去就是随机的。今天，很多人总是试图从单纯理性的角度去理解、预测市场，这种做法是徒劳的。我们必须承认，市场的随机性会导致充分性推理原则失效，这里不是使用它的地方。

上述事实即便没有完全动摇理性主义的基础，至少也告诉人们，在这个世界上，光靠理性主义是不够的。

局限2：理性的预见性是有限的

除了无法自己证明自己，充分性推理原则还有一个局限性，就是它无法推测不存在的或者尚未发生的结果，更不可能知道没有发生的条件如果真的发生了会产生什么结果。

举个例子。直到 20 世纪初，世界各国的牧民都认定草原上的狼是羊群最大的威胁，住在森林周围的人则认为狼会威胁到人的安全。因此，在过去的上千年里，人们一直在围捕野生的狼。20 世纪，由于捕猎手段提高，野生的狼几乎灭绝了。然而，狼数量的锐减导致了严重的生态问题。一方面，草原上的野兔因为没了天敌而大量繁殖（野兔的繁殖力极强），它们不仅和羊争夺食物，还引起了草原植被退化。另一方面，森林里的各种鹿也因为没了天敌而大量繁殖，它们吃掉了大量的树叶，让森林里的生态迅速失衡。

在狼群真的消失之前，很多结果在历史上并没有发生过，因而人们就不可能建立起"狼群消失"与"生态恶化"之间的因果关系。

再来看一个例子。20 世纪 70 年代，美国南方一些渔民一直为水产养殖场里的水草发愁。后来，他们得知中国的鲤鱼可以吃掉水草，又经过专家严格的论证，认为不会有什么副作用，就引进了中国鲤鱼 [1]。一开始确实很有效，这些鲤鱼吃掉了养殖

1　美国引进的中国鲤鱼其实包括胖头鱼、草鱼、鲤鱼和鲫鱼，美国将这些统称为亚洲鲤鱼（Asian Carp）。

场里的水草，没人发现有什么问题，直到有少量鲤鱼溜进了密西西比河。鱼类的繁殖能力远比兔子强，中国鲤鱼在美洲又没有天敌，进入了天然河流后，它们就开始大量繁殖，并且沿着密西西比河逆流而上。它们食量巨大，导致本土鱼类因为无法获得食物而数量锐减；同时，它们吃掉大量水草（鲤鱼一天可以吃掉自身重量 40% 的水草），降低了水的质量，导致贻贝等贝类死亡。由于密西西比河支流众多，流经美国 31 个州，覆盖近 40% 的国土，因而整个美国的水域生态都受到了严重的破坏，美国的淡水渔业也受到很大的危害。现在，美国能做的就是设置障碍使它们不要进入五大湖区，否则必将危害整个北美洲的水域生态。

如果说，捕猎野狼的行为还是牧民欠考虑，那美国在引进鲤鱼之前可是经过了一番理性论证的。之所以专家和牧民同样会产生严重的误判，是因为单靠理性，无法从未发生的事情出发推导出所有可能的结果。

很多人经常会忽略理性主义的这个漏洞，并且陷入这种思维误区。比如，你可能听人这样讲过：我当初高考就是少考了两分，就差这两分我才没考上北大，否则今天我也能如何如何。这个人今天混得不如意的原因可能有很多，只归结到"没考上北大"这一件事上显然是不合理的。即便考上了北大，他今天也未必能过得好多少。再比如，还有人会这样想：高考那天，就是因为早上父母让我多吃点，结果我吃得太饱，考试时血液都供给到胃了，大脑缺血，反应慢，少考了两分。当然，也有人会反过来想：就是因为听别人说考试前不能多吃，我才吃少了，结果考到一半就饿了，头晕，最后没考好。显然，上述两种想法是矛盾的。而他们之所以会这么想，归根结底，是因为他们把结果建立在没有发生或者毫无意义的假设上。

我常讲"成功才是成功之母，失败不一定是成功之母"，也是这个道理。如果一个人从来没有成功过，成功这件事对他来讲就是未知的。至于成功需要什么条件，他当然无从知晓。他做了 A 这件事，导致了失败，他无法推断出不做 A 是否能成功，或者做了 A，还需要做什么其他的事才能保证成功。

我们为什么要学习，特别是要跟着老师或者有经验的同事学习？因为在他们的带领下成功几次，我们就知道成功是怎么回事，就知道成功需要哪些必要条件了。相反，如果一个人闷头琢磨，每次失败都可能是不同的失败结果，但这些结果和成功都没有关系。继续盲目试错，蒙对的可能性近乎为零。

托尔斯泰讲，"幸福的家庭都是相似的，不幸的家庭各有各的不幸"，道理也差不多。幸福的家庭都具备幸福所需的必要条件，而不幸的家庭所缺失的可能不尽相同，补上一个缺陷，也未必能找到导致不幸的真正原因。也是出于类似的原因，历史研究者不会去研究不存在的历史事件。当然，很多历史爱好者会畅想那些不存在的结果，但那种畅想其实都是毫无意义的。

充分性推理原则的这个局限性，也是很多精心准备的计划在实施过程中失效的根本原因——我们无法通过理性预测那些根本没有见过的事情。很多人都问过我一个问题：有了大数据，是不是就可以准确预测未来了？其实，大数据是对过往发生过的事情的总结，对于没发生过的事情，大数据是不知道该如何应对的。

如何弥补充分性推理原则的缺陷

弥补充分性推理原则缺陷的方法，恰恰来自理性主义者不太看得上的经验主义，特别是在找不到因果关系链时，经验主义可以根据大量经验找到一种在大部分情况下行之有效的方法。

了解充分性推理原则的局限性，不是让人放弃它，而是让人懂得如何更好地使用它，懂得什么时候要利用理性主义，什么时候不能用。

首先，绝大部分时候，根据理性得到的结论是有用的；在少数例外情况下，则要使用经验主义的方法来解决问题。

比如，你每天上班通勤时间是一个小时，通常再多留一个小时的富裕时间就足够了。这就是你给自己设定的一个规则。如果不遵守，就无法保证准时到单位。但如果遇到特殊情况，比如早上大雾或者下大雨，原来的规则就不管用了。这时，你当然可以增加一些规则来解决相应的问题。但如果任何情况都要对应一个规则，成本就太高了——记住，它们是一种负担。相反，这时比较有效的办法其实是依靠经验。很多时候，你感觉可能会堵车，因此早出门了十分钟，你甚至说不出为什么，只是经验告诉你该如此。还有些时候，路上堵车，你会根据经验绕路，使自己不至于迟到太长时间。而第一次走那条路线的人，就不会有绕路的经验。即使按照 GPS（全球定位系统）的提示走，他们走的也未必是最快的路线。这是缺乏经验所致，不是理性不足所致。我们在做日常很多事情时，无法事先把所有规则都设定好，而是要采用经验主义的方法。

再比如，在投资这方面，专业的投资人都会遵守一些简单的规则，这些规则反映的是经济活动和投资之间的因果关系。但在一些波动很大的异常情况下，固定的规则就不适用了，这时就要靠经验。类似地，在大陆法系的法律中，每个法律条文都是经过专家、学者的理性思考制定出来的，它们数量有限，但可以覆盖大部分情况。对于少数法律条文中没有写明的情况，则要通过对相关法律条文作出新的解释来覆盖，而作出新的解释依据的其实就是司法机关的经验，而非规则。其次，莱布尼茨的充分性推理原则帮助我们全面了解因果关系。

"凡事有果必有因"，这句话几乎每个人都知道，但只有很少人会在做事情时想到这句话。大多数人都是在做事失败后才说，"哦，还有这个因素没有考虑到！"这说明他们事先没有把会导致结果发生的原因考虑全，或者说他们考虑的只是一些必要条件，而必要条件并不能保证结果一定发生，只有把所有充分条件凑齐了，才有可能得到想要的结果。

如果把充分性推理原则倒过来看，不仅凡事有果必有因，有因也必会有果。很多事情，做了之后不仅会产生我们预想的结果，还会产生很多我们想不到的、不想要的后果。所以，在每做一件事之前，我们要尽可能地把结果，特别是那些不好的后果考虑周全。人们通常会对好的可能性有过高的预期，对坏的可能性则有较低的预期，甚至视而不见，这是非常危险的事情。

延伸阅读

陈亚军：《超越经验主义与理性主义》

结语

　　人类的文明进步从近代开始突然加速，真正改变我们生活的大事情，比如科学革命、工业革命、推翻专制制度、摆脱神权控制，都发生在近代。这和人的认知水平提高有很大的关系。一方面，人类变得理性起来，懂得用理性主义方法论来探索未知的问题，并且系统性地解决各种问题。另一方面，人类也开始懂得如何有效地获取经验，过滤掉经验中的噪音，从经验中总结出有规律性的结论。

　　今天，我们面对的世界和近代先贤们生活的时代很不相同。不过，当时先贤们总结出的各种方法论至今依然有效。很多人已经把这些方法论作为常识，每时每刻都在自觉地应用。在他人看来，这些人不仅做事效率高，而且成功率很高，值得信赖。但同时，也有很多人依然对方法论缺乏了解，依然处在自己努力摸索方法的阶段。其实，既然前人已经为我们总结了方法，之后又被验证了几百年，我们不妨先花点时间把它们学好、用好——这是最有效的进步方式。

3

什么是有用的经验

经验主义和理性主义就如同一张纸的两面，它们总是相互伴随的。在古希腊，既有开创理性主义的毕达哥拉斯，也有开创经验主义的希波克拉底，而他们前后只相差了几十年。随后，在哲学领域，既有倡导理性主义的苏格拉底和柏拉图，也有倡导经验主义的亚里士多德。到了近代，在欧洲，这两种看似对立的认识论又都出现了有代表性的哲学家。

　　正如世界上不可能存在只有正面没有反面的纸一样，我们也不应该只接受经验主义和理性主义之中的一种思维方式而忽略另一种。事实上，即便是理性主义的代表人物笛卡尔，也不否认经验的作用；即便是倾向于经验主义的亚里士多德，也强调理性在获得知识方面的作用。因此，我们有必要同时了解这两种不同却又互相关联的认知工具。

经验靠得住吗

说到经验主义，人们常常搞混两个概念——"经验"和"经验主义方法论"。实际上，这两个概念有联系，但绝不是一回事。

人们通过经验获得知识、把事情做得更好的行为，可以追溯到远古时期，但靠经验做事不等于抽象出了经验主义的方法，更不等于掌握了经验主义的方法论。靠经验做事情是一种被动的行为，几乎每个人都会。比如，一个年轻人跟着父亲掌握了种田的技巧，然后就会种田了。但这种行为只是在重复过去别人做过的事，不仅没有进步，甚至可能有所退步。比如，今天我们常说古代的某项工艺失传了，这就是经验的退步。跟"经验"不同，"经验主义"是一种通过经验获得新知的方法论。掌握这种方法论并主动应用，就能把事情做得更好。

在古希腊早期理性主义诞生的同时，被后人称为经验主义的方法论也出现了。最初，"经验"（empircal）这个词特指某些古希腊医生的做事方法，他们拒绝遵守当时的教条理论，更愿意依赖对经验中所感知的现象的观察。其中的代表人物是希波克拉底。希波克拉底一派（也被称为希波克拉底学派）的医生着重观察记录。他们要求医生详实记录疗程中的发现及用过的治疗方法，然后将这些记录留给后人，作为其他医师的参考。希波克拉底本人则认真而完整地记录了各种疾病的症状，比如病人的气色、脉搏、体温（发热）、疼痛以及排泄情况，甚至了解、记录了患者的家庭环境和家族病史。为了确保患者对症状的描述是准确的，希波克拉底每次看病都要给患者量脉搏、做检查，然后将检查结果和患者的描述相互印证。根据《医学史》（*History of Medicine*）一书的记载，对希波克拉底而言，先有临床检测和医学实践，然后才有医学。因此，西方人更倾向于称希波克拉底为"临床医学之父"，而非广义的"医学之父"。

后来的经验主义指的是哲学中的一种知识理论，它坚持知识来自经验和根据自己所见所闻收集的证据的原则。古希腊哲学家中，最强调通过经验获得知识的人是亚里士多德。他认为，我们的世界是真实的、可触碰的，因此要通过观察和亲身体验来了解我们的世界。而在他之前，柏拉图一直强调理性对认知的作用，他并不重视经验。亚里士多德的认识论为人类探索真理指明了一条正确的道路。

古罗马人对数学这种需要抽象思维的学科不是很重视，他们更看重经验，因此他们对需要经验的工程学有很多贡献。在古罗马，主动采用经验主义认知论总结知识的人是被称为医圣的盖伦。他通过解剖动物和观察死去的角斗士[1]来熟悉人体的结构。他最著名的实验是通过解剖活猪发现了动物的声带，以及发声的原理。盖伦对自己的行医过程进行了详细的记录，然后总结出了对各种不同疾病的治疗方法。虽然盖伦绝大部分手稿已经遗失了，但今天保存下来的依然有足足 300 万字。19 世纪初，德国将他的著作整理出版，全套著作足足有两万页，厚厚的 22 本，仅索引就有 676 页。

不过，亚里士多德构建的宇宙模型错得一塌糊涂，盖伦的医学理论也有很多错误。当然，这也不能怪他们，因为人的感觉很有可能是错的。比如，看一下下面的图 1-1，你是否会觉得中间的细条右边颜色比左边深？其实它左右颜色的深浅是相同的，只是不同灰度的背景误导了我们的眼睛。不仅人的感受如此，人的经验可能也靠不住。比如，亚里士多德看到树叶落地比石头掉下来的速度慢，就很自然地想到重的物体下落速度更快。盖伦不断看到受伤的人流血，就很自然地想到血是从心脏流向四肢的。这两个结论显然都是错误的。

1　古罗马不允许解剖人的尸体。

图 3-1　不同灰度背景色下的颜色变化

　　不仅个人的感受和经验可能是错的，大家共同的感受和经验也可能不靠谱。比如，在伽利略之前，绝大部分人都相信太阳在围绕地球运动，甚至相信所有星体都在围绕地球运动。因为，他们感觉不到地球在运动，而且看到了太阳、月亮和星辰升起又落下。从这个结论进一步推理，就能得出地球是宇宙中心的结论。而且，对于人们观察到的其他现象，也能用上述错误结论来解释。比如，为什么向上扔一块石头，它还会落到地上？因为地球是宇宙的中心，所有东西都有向心力，自然会落回到地球上。事实上，直到牛顿提出万有引力的思想后，这种错误的宇宙观才被彻底纠正。

　　在亚里士多德之前，柏拉图之所以要忽视经验的意义，不是因为他不知道经验有用，而是因为他觉得经验靠不住。柏拉图认为，只有理性的思考和讨论才能纠正观察的偏差，让人得到正确的结论。事实上，亚里士多德并不反对这一点。在强调经验的重要性的同时，他也强调逻辑推理对于获得知识的重要性，并且可以算是逻辑学的开山鼻祖。不过，在亚里士多德之后，经验主义的方法论没有得到什么发展，反倒是柏拉图的理性主义哲学有很多继承人，并且发展成了新柏拉图主义。

罗马帝国后期，生活在亚历山大城的普罗提诺把柏拉图、亚里士多德和斯多葛学派的哲学思想融合到一起，形成了新柏拉图主义学派。普罗提诺认为，世界分为三部分，分别是太一（the One）、精神和物质。太一和中国道教中"道"有相似之处，它是世间万物的根源。新柏拉图主义认为，太一是至高至善的、永恒的、不变的，它既包括一切存在的事物，也是它们的原因。他们人为地发明出一个"太一"的概念，既调和了柏拉图和亚里士多德在世界本源上的矛盾，又为世间万物找到了一个逻辑上合理的根源。到公元 4 世纪前后，奥古斯丁利用新柏拉图主义为基督教找到了哲学基础。普罗提诺所说的"太一"，就被奥古斯丁解释为"上帝"。

在欧洲漫长的中世纪，哲学方法论几乎没有什么发展。虽然很多教士试图破解上帝创造世界的奥秘，并不断做实验，希望用经验来验证各种假设和结论，但没有人能提出一套经验主义的方法论。后来，基督教在欧洲思想领域占据了主导地位，亚里士多德的哲学和科学便被放到一边了。

到 12 世纪，阿拉伯世界出了一位了不起的哲学家伊本·鲁世德。因为启发了欧洲后来的思想家，他也被称作"西欧世俗思想之父"。和亚里士多德一样，鲁世德也是一位全能型学者。他反对当时在伊斯兰世界和欧洲普遍存在的将一切归于神的思想，提出事物的存在决定了事物的本质，而我们的世界自有其运动变化的规律。他的哲学观点和新柏拉图主义完全相反，和亚里士多德的很相近。鲁世德从研究事物的表象开始去了解它们的本质。而且，他的理论在逻辑上非常自洽。那些把一切原因都归结为神的神学家试图驳倒他，但就是做不到，因为人们很容易验证他说的是对的。顺便说一句，鲁世德对亚里士多德的著作进行了系统的整理并且做了注释，这对那些在欧洲已经失传的著作后来被传回欧洲起到了关键性的作用。

实际上，鲁世德是用基于经验的自然哲学（即后来的自然科学）挑战了一神教（包括犹太教、基督教和伊斯兰教）的哲学基础。虽然他强调神学和哲学并不矛盾，但伊斯兰教的神学家都排斥他，因此他在伊斯兰教世界的影响力远不如在西方历史上的影响力大。而真正解决鲁世德留下的难题，也就是将神学和自然科学统一起来的，是另一位全能型学者——托马斯·阿奎那。阿奎那对近代科学的发展产生了非常大的影响，甚至可以说，中世纪后能产生自然科学，在很大程度上是阿奎那的功劳。

1225 年，阿奎那出生在意大利一个非常显赫的贵族家庭。他的母亲来自神圣罗马帝国的霍亨斯陶芬家族[1]，他还有另一个身份，就是当时神圣罗马帝国皇帝腓特烈二世的表哥。虽然父辈都希望他继承家业、成为贵族，但他对政治毫无兴趣，反倒是对知识充满了渴望。阿奎那从小进入进修院学习，16 岁到那不勒斯大学学习，这期间，他出乎意料地加入了天主教的道明会。这让他的父辈感到不悦，于是家里人逼迫他改变志向，但想尽办法都没有成功。根据最早的有关阿奎那的传记记载，他的家人甚至安排过娼妓去诱惑他，但他不为所动。最后在教宗的干预下，家里人才同意他当修士。

阿奎那极为聪明，老师们看他实在太聪明了，就送他到当时德意志最有知识的学者大阿尔伯特那里学习哲学和神学。1245 年，他跟随大阿尔伯特去巴黎大学学习了三年。在这期

---

1 霍亨斯陶芬家族是神圣罗马帝国 1138—1254 年的统治家族，该家族一共出了三位到罗马加冕的皇帝。此外，该家族还出了两位德意志国王。

间，阿奎那也被卷入了大学与天主教修士之间有关学术自由的纠纷。阿奎那被推选为教士一方的辩论者，和当时知名的大学校长圣阿穆尔辩论并且获胜。这件事让他在学术界获得了声誉。三年后，他回到科隆大学担任讲师，开始研究亚里士多德的哲学方法论。在讲课和传道之余，他开始创作中世纪最重要的著作——《神学大全》。

《神学大全》是一部人类当时已知知识的百科全书。它有点像亚里士多德的著作全集，规模极为宏大，即便用今天较小字号的字印刷，也有厚厚的三十多本，上万页。阿奎那写这套书，是想从根本上解决奥古斯丁和鲁世德思想中的矛盾之处，或者说解决柏拉图主义和亚里士多德主义的矛盾之处。在这套书中，阿奎那几乎完全接受了亚里士多德主义在哲学和自然科学中的观点，并且把它们纳入神学研究的范围。一方面，阿奎那不否认上帝的存在，认为是上帝创造了规律；另一方面，他又认为，一旦有了规律，上帝实际上就退出了，而人类天生便有能力了解规律，这种能力就是理性。在方法论上，阿奎那继承了亚里士多德从经验出发总结知识的方法。他喜欢引用古希腊人的一句格言——"凡是在理智中的，无不先在感性之中。"也就是说，感性或者经验能够发现理性，而科学研究做的就是这种事情。

阿奎那的这种观点后来被称为自然神论，科学启蒙时代的学者，比如牛顿、莱布尼茨、伏尔泰、孟德斯鸠等人都是这种思想的继承者。阿奎那的思想在一定程度上受到了鲁世德的启发，他对这位前辈非常尊敬，不称其名而是称其为"注释者"以示尊敬，因为鲁世德注释了亚里士多德等人的著作。

无论是在基督教内，还是在西方哲学史上，阿奎那的影响力都非常大，甚至有人认为他在西方哲学史上的地位仅次于亚里士多德，排在第二位。在死后的半个世纪，阿奎那被基督教封为圣人，他的著作也被奉为基督教的金科玉律。由于他将自然科学纳入了神学研究的范围，因而从客观上保护了自然科学的研究。不过，也正是因为他几乎无条件地接受了亚里士多德关于自然科学的思想，而亚里士多德在这方面的很多结论又都是错误的，所以这些错误结论成了基督教在好几个世纪一直坚持的教条。比如，在伽利略所处的时代，人们普遍认为重的物体要比轻的物体落地速度快，就是因为亚里士多德说过这句话，而当时整个欧洲教会都认可他的结论。

一般认为，阿奎那同时是近代理性主义和经验主义哲学家的启蒙者。一方面，他强调人的理性可以认识神创造世界的规律，而神学的最终目标就是运用理性来理解有关神的真相，并且通过真相获得最终的救赎。这就是笛卡尔、牛顿和莱布尼茨等人的思想基础。另一方面，阿奎那又认为可以从经验证明超验。这其实是今天经验主义哲学的基础。

怎样理解从经验证明超验呢？来看两个例子。如果我问你美是什么，这是要你给出关于美的一个抽象的概念，这就是超验，你不好回答；但如果我问你什么东西是美的，你马上就能举出一堆例子，这就是经验。类似地，如果我问你运动是什么，你也很难回答；但如果我问你什么物体正在运动，你很容易就能答出来。前者是超验，后者是经验。阿奎那认为，从经验出发，可以获得超验。这为人类认识自然规律指明了一条道路。

阿奎那关注的不是经验世界的具体事物，而是具体事物背后的本质。也就是说，同样在说经验，阿奎那和那些把种田经验代代相传的农民不同，甚至和希波克拉底、盖伦等人说的经验也不同。阿奎那并不满足于获得经验本身，他是要通过经验找到它们后面的规律。这在后来对自然科学的发展起到了巨大的推动作用，也促使近代形成了经验主义的方法论。

延伸阅读

［英］罗素：《西方哲学史》

经验主义思维
究竟是什么

到了近代，经验主义和理性主义在同步发展。此后，经验主义的发展有两个高峰，一个是近代杜威提出实验主义和波普尔提出证伪主义，完善了科学研究的方法；另一个是大数据，在最近的二十多年大数据方法被普遍地应用于各行各业后，很多过去单纯靠理论无法解决的问题得到了解决。今天很多学术会议或者论文中用到的方法，都有 empirical 这个词，这其实就是经验主义的意思。

那么，究竟什么是经验主义？简而言之，经验主义就是认为知识必须通过感觉的经验（比如观察、实验和亲身经历）得到，规律必须通过经验的验证来证实。之所以这么做，是希望能确保认知的客观性。

说到经验主义，很多人会把有经验和运用经验主义方法论搞混。事实上，经验人人都有，但绝大部分人并不知道经验主义方法论为何物。打个比方，一个川菜厨子和师父学手艺，把师父的经验全学到手，然后按照经验给顾客做饭，他算是一个经验主义者吗？不算。他很可能只是一个靠经验谋生的人。假设这个厨师从四川到了上海，大家反映他做的菜太辣，不受欢迎。这时他可能会说，我一直是按经验做的啊！是的，他一直在使用经验，但他并不懂经验主义。相反，还有一个厨子，他懂得做菜好吃的基本道理，又有一些实际工作的经验，然后通过系统性的实验和顾客反馈，不断总结出各种味道和各种原材料以及烹调流程的关系，设计出全新的美食，这个厨师就掌握了经验主义的方法论。

了解经验主义真的是有必要的吗？如果放在几十年前，这个问题的答案可能是否定的，因为那时除了当医生、做工程、搞学术研究的人或者特定的专业人士，其他人不懂经验主义方法论也能照样生活。但在今天，大数据出现，经验主义方法论被广泛应用于几乎所有行业，于是它就显得非常重要了。就像前面讲的厨师一样，在市场竞争激烈的今天，我们不太可能仅仅凭借师父传下来的手艺工作一辈子。接下来，我们就来了解一下经验主义的基本思想和方法。

经验主义的代表人物包括弗朗西斯·培根、托马斯·霍布斯、约翰·洛克、乔治·贝克莱和后来的大卫·休谟等人。你可能已经发现了，他们全是英国人。这并不是一个巧合，这和英国的文化有关，具体内容我会在后面讲到。在这些人中，培根是最早的，所以我们就从他谈起。

培根和归纳法

培根的一生可以分为两个阶段。前半生，他是政治家、官员、大法官。培根从小饱读诗书，其实就是指望靠学问出人头地。事实上他也做到了，他担任过掌玺大臣、大法官，被封为子爵。但在他的晚年，他被政敌攻击，以受贿罪被起诉[1]。而实际情况是，当时英国政府不负责法院的费用，因此法官普遍要靠收礼来支付法院的开支，作为大法官的培根也不例外。随后，为了维护国王的利益，他承担了一切罪名，接受了四万英镑的巨额罚款，被罢免一切官职，此后一生不得担任公职，还被关进了伦敦塔。从这件事来看，他对国王相当忠诚。后来，国王替他支付罚款并且赦免了他，但此后培根的生活颇为凄凉。失去官职的培根进入了人生的第二个阶段。他著书立说，成了能在历史上占有一席之地的哲学家。

1　当时英国国会和来自苏格兰的国王詹姆斯一世矛盾很深，培根站在国王一边，因此被国会攻击和起诉。

很多人经常将培根和与他几乎同时代的笛卡尔放在一起对比，并以此来阐述培根的思想。实际上，这两位思想家都属于近代最早超越古希腊和中世纪哲学权威的人。他们都认为古代的科学方法已经不适用了，只不过他们各自提出了不同的新方法。

那么，过去的方法论有什么问题呢？简单地说有两点：第一，不成体系。这主要是因为古代哲学家常常把本体论和方法论混在一起，只有亚里士多德的逻辑学除外。第二，过去人们是静态地看待对与错，把注意力放在验证某个知识点的正确性上，而不是放在如何获得完整的知识、建立知识体系上。这两个问题，在今天绝大部分人身上都存在，因为人们在没有经过系统学习之前自发形成的方法论都有这两个特点。比如，你可能会发现身边很多人爱就一件事的对错争吵，或者希望专家给出一个绝对正确、什么场合都管用的答案。这些都是静态看待对错的表现。

近代哲学家超越古人的地方便在于此，他们的方法论不仅更有系统性，还能让人不断获得新知，更新自己的认识；他们对一个事物的认识和看法也不是一成不变的，而是不断深入的。只不过，笛卡尔侧重于理性主义，培根侧重于实用主义和经验主义。笛卡尔倾向于演绎的方法，培根倾向于归纳的方法。笛卡尔认为，哲学家首先要思考最普遍的公理，然后基于对这些公理的理解推演真理的细节；培根则认为，应该首先考察细节，然后才能逐步得出最普遍的公理。笛卡尔怀疑感官是否有能力为我们提供准确的信息，认为眼睛看到的可能是幻象；培根则怀疑人的头脑是否有能力推导出真理，觉得人大脑里想的可能是幻觉。

在方法论上，培根最大的贡献在于完善了归纳法。还是官员时，培根就对科学研究和实验非常感兴趣，并且致力于找到科学研究的普遍方法。他认为，如果能把所有知识收集起来，就能解释所有的自然现象。这种想法其实和今天的大数据方法有点相似。只不过，培根低估了人类所创造和拥有的知识的数量。他认为，只要获得老普林尼的《自然史》（*Naturalis Historia*）[1]那套百科全书六倍的知识就够了。为此，他请求詹姆斯一世颁布命令去搜集各种知识，并且喊出了"知识就是力量"[2]这句掷地有声的口号。

除了收集知识，培根认为新的知识需要通过做实验获得，

1　这套书共有 37 卷，分为 2500 章节，被认为是西方古代百科全书的代表作。
2　这句话原本是用拉丁语写的，原文是 psa scientia potestas est，意思是"知识本身就是力量"。1668 年，曾经担任过培根秘书的思想家托马斯·霍布斯在《利维坦》一书中将它表述成英语的 Knowledge is power，即今天我们所说的"知识就是力量"的常见说法。

因此他也被称为"实验哲学之父"。培根认为，获得自然科学知识和获得数学知识是不同的。数学知识主要靠演绎推理得到，而自然科学知识需要靠做实验，然后总结实验结果来获得，也就是要用归纳法。实验和我们平时观察自然现象是不同的，前者是主动的、带有很强目的性的行为，近代之前的人很少刻意做实验；后者则是无意的，可能会有新的发现，但是这个过程通常极长。比如一个农民，他会从父亲那里学会种田的经验，然后使用这些经验几十年。在这期间，他可能会观察到天气、水分、土壤、肥料等因素与收成的关系，但他不会去搞一块试验田，做各种对比实验，因此也就不可能获得提高收成的经验。从这一点可以看出，近代哲学家所说的经验，其实已经不同于我们日常所说的经验，或者古代哲学家所说的经验了。我们可以把培根的这个观点概括为"用经验主动地探索未知"。

与通过经验知道具体问题的答案有所不同，培根强调通过对具体事物的研究，找出同一类事物的共性。培根在《新工具》一书中讲，"尽管一些结论是从个例中总结出来的，但是能形成对整个自然的理解"。比如，通过观察一些哺乳动物来了解它们的特性，最后上升为所有哺乳动物的共性。这种方法就是归纳法。我们可以把培根这个观点概括为"发现普遍的规律性，然后用于各种场景"。

上述两点综合在一起，就是科学研究的目的和作用。培根是这样讲的：

> 因此，促进科学和技术发展的新科学方法，首先要求的就是去寻找新的原理、新的操作程序和新的事实。这类原理和事实可在技术知识中找到，也可在实验科学中找到。当我们理解了这些原理和知识以后，它们就会导致技术上和科学上的新应用。

最后，培根反对在取得经验之前预设结论。他说："我们不能通过想象和预先假定，而需要通过发现，来了解大自然会做什么或者可能做什么。"我们今天很多人做事不是这样的，他们会预设结论，然后为了证明这个结论去找证据。

17 世纪，培根的思想影响了牛顿、拉瓦锡等人。英国剑桥三一学院院士罗杰·科茨在为牛顿的《原理》一书撰写了第二版编者序，在介绍牛顿的工作时，他说牛顿从来"不把尚未由现象确定的东西作为原理"。前面讲到，牛顿是个理性主义者，他的《原理》一书是按照《几何原本》的格式写的。但是，这并不代表牛顿不会同时采用经验主义的方法论。他的理论都是经过经验验证的，因而是站得住脚的。我们今天依然要学习牛顿的理论，也是因为如此。另一个深受培根影响的伟大人物是"现代化学之父"拉瓦锡。拉瓦锡对化学的贡献，堪比牛顿对物理学的贡献。拉瓦锡做研究时会随身带着天平，不经过测量验证，他不会给出任何结论。

不过，虽然培根的思想影响了当时的一些知识精英，但他的思想真正受到大众重视，是在 19 世纪，也就是在他去世两百年之后。当时，有两个自然科学的领域完全是靠归纳法发展起来的，一个是地质学，另一个是生物学。在此之后，人们真正懂得了获取经验是一种主动的行为，而不只是被动的时间积累。

有意思的是，培根的死也和实验有关。为了验证当时人们总结的一个结论，即冷冻能让肉保鲜，他在大冬天的雪地里用刚刚杀死的鸡做起了冷冻实验。培根当时年事已高，顶不住风寒，等鸡全部冻上时，他也得了重感冒，之后一病不起，最后不幸去世。临死前，培根还不忘写下实验的结论——"实验已经大获成功。"

洛克：经验主义不是倚老卖老

说到经验主义，就不得不提英国思想家洛克，他被誉为经验主义三杰之一。

今天大部分人在谈到洛克时都会想到他对宪政理论的贡献，尤其是他的分权说对世界的影响。其实，洛克在政治上的见解来自他的经验主义哲学思想。和笛卡尔等人认为人有先天的理性和意识所不同，洛克认为，人在出生时头脑是一块白板，没有与生俱来的先天的想法，这就是所谓的"白板说"。洛克认为，由于人的头脑一开始是一块白板，人后来的意识和知识只能由来自感官的经验决定，这就如同在白板上不断做记号。因此，人获得了什么样的经验，就会成为什么样的人。

说到经验，你可能会想到有些喜欢倚老卖老，时不时炫耀自己有经验的人。比如，他们喜欢说类似于"我吃过的盐比你吃过的饭还多"的话。因此，有些年轻人特别反感别人讲"经验"这两个字，更不喜欢经验主义。其实，这都是对经验主义的误解。

那么，什么是真正的经验主义呢？洛克说，"为真理而爱真理是这个世界上人类之完美的主要部分，也是所有其他美德的种子"。因此，如果自己过去的经验错了，违背了真理，就需要把过去的经验和想法彻底放弃。洛克说，"无论我写什么，一旦发现它不真实，我会马上把它扔进火里"。在洛克看来，经验（包括科学实验）是用来证实和证伪理论的，而不是说经验一定是正确的。

洛克的这个观点对我很有启发，让我真正理解了什么可以算有用的经验，值得我们信赖；什么只是一段过往，没有多少价值；什么又是错误的认知，应该被淘汰。

有用的经验分为两种：一种能转变为我们的技能，比如学会解方程，做了一些练习题，掌握了一些技巧，这就是积累了有用的经验；另一种可以验证我们的认知，比如喝开水烫到了嘴，我们就知道喝的水温度不能太高，这虽然是一个教训，但也可以算成有用的经验。

有些经历只是一段过往，对我们没有什么用。比如，张三做"3+5=？"这道数学题，他一会儿得到的答案是10，一会儿得到的答案是4，总之没有一次得到正确答案。虽然每次老师都会给他一个反馈，告诉他没有做对，但他无法得知什么是对的。类似的，一个人总是重复已有的经验也没有意义。比如，张三学会了加法，知道3+5=8、5+4=9，然后做了一百道类似的习题，那只是在浪费时间。这就是为什么低水平地训练一万小时没法让人获得进步。

相比于无用的经验，更糟糕的是错误的经验，它们通常是我们习以为常的错误常识。比如，很多人觉得感冒了运动一下出身汗，或者洗个热水澡就好了，并且可能试了几次还真管用了一两次。再比如，很多人通过画 K 线图炒股，并且有过一两次挣钱的经历。于是，这些经验就成了他们的常识。但实际上，这些所谓的经验都不符合现实世界的规律，都是有害的，我们需要及时更新掉。

既然经验不一定都是对的，倚老卖老便没有了意义。我们一方面需要用经验去验证真理，另一方面也需要用真理去审视哪些经验在误导我们。

回到前面提到的洛克的"白板说"，其实从这个理论再往前走一步，自然而然就能得出他的政治理论。在洛克的政治学思想中，最重要的理论是自然权利论，即每个人都有同等的自然权利，因此生而平等。这个理论的依据就是人生下来并不具有先天的意识，头脑是空白的。既然所有人的大脑都是一块白板，就不应该有谁天生比其他人更高贵。之后，洛克又从人的自然权利引申出人的三种最基本的权利，即生命、自由和财产权利。这三种权利也是每个人在自然状态下获得的，和出身无关，他人无权剥夺。这些思想后来成了美国《独立宣言》的核心思想。《独立宣言》一上来就开宗明义地指出："我们认为下面这些真理是不证自明的：人人生而平等，造物主赋予他们若干不可剥夺的权利，其中包括生命权、自由权和追求幸福的权利。"这其实就是对洛克自然权利论的准确表述。事实上，美国国父一代[1]的政治家构建国家的理念也是经验主义的，他们根据英国宪政的经验，经过妥协，拼凑出了一部宪法。

概括起来，洛克经验主义的思想就是两句话：首先，经验是我们用来验证真理的，而非经验就是真理。其次，人刚出生时是一片空白，没有高低贵贱之分，经验来自后天，人的一切经历及其生活环境共同塑造了他这个人。值得注意的是，和洛克同时代的经验主义哲学家霍布斯也提出了类似的观点。不过，限于篇幅的原因，这里就不具体介绍了。

贝克莱："存在就是被感知"

讲到经验主义，还绕不开一个非常有争议的哲学家——英国圣公会的大主教乔治·贝克莱。贝克莱之所以有争议，是因为他被贴上了"主观唯心主义"的标签。在对非哲学专业的同学开设的哲学课上，一般能不讲他就尽可能地回避过去。但与此同时，他又和洛克、休谟一同被誉为经验主义三杰，但凡学

1　被称为"美国国父"的人有几十个。理论上讲，在《独立宣言》上签了字的都可以算美国国父。但是，真正对美国建国和政体确立贡献比较大的只有七个，分别是富兰克林、杰斐逊、华盛顿、汉密尔顿、麦迪逊、亚当斯和谢尔曼。如果要在其中再数出贡献最大的几个人，那就是富兰克林、杰斐逊、汉密尔顿和被称为"宪法之父"的第四任总统麦迪逊。

习西方哲学就绕不过他。事实上，贝克莱在西方社会享有崇高的地位。比如，今天加州大学伯克利分校所在地伯克利，其实就是"贝克莱"的另一种翻译，那个小镇这样命名就是为了纪念这位哲学家。再比如，耶鲁大学的寄宿学院贝克莱学院，也是为了纪念他而设立的。因此，我们既然讲到了经验主义的方法论，就需要介绍一下贝克莱的思想。

贝克莱最有名的一句话是"存在就是被感知"。乍一听这句话，很多人可能会觉得这是谬论，难道我们感知不到的事物就不存在了吗？比如，在我尚未出生时，我父亲难道就不存在了吗？其实，这是对贝克莱原话的一种误解。贝克莱的原话是"To be is to be perceived."，其中 is 这个词的含义很关键。在英语中，is 可以被理解成"等同于"，也可以被理解成"具有某一种属性"。比如，我们说人是哺乳动物，这里的"是"就不是等同于的意思，而是说人具有哺乳动物的属性。想搞清楚这里的 is 到底该是什么意思，要看贝克莱讲这句话的语境。

贝克莱是在讨论感知和实在性之间的关系时讲到这句话的。他说，人因为有观察视角的局限性，会受到感知的欺骗。比如，你把两只手分别放进冷水盆和热水盆，然后拿出来都放进一个温水盆，这时你的一只手会感觉热，而另一只手会感觉冷。贝克莱说，这就是不同参照系产生的欺骗性。因此，有不同背景和经历的人，对同一件事会有不同的感受。但凡是客观实在的东西，我们都能真实地感知到，即便每个人的参照系都有所不同。因此，贝克莱的这句话被认为是经验主义能够成立的基础，它把世界的真实性和可感知性联系了起来。

如果进一步了解一下当时的时代背景，我们就能体会这句话的进步意义了。当时，很多人相信宗教中说的不可感知的超经验，贝克莱则指出，即便有些存在的事情我们现在还无法感知到，但是我们最终会有办法感知到它们的存在。比如，电磁场在我们身边存在着，我们自身无法感知它们，但我们可以通过手机感知到它们的存在。

与"存在就是被感知"相对应的，是笛卡尔的名言"我思故我在"。对于这句话，很多人也有疑问，难道不思考，我就不存在了吗？这其实也是犯了按照中文翻译的字面意思理解的谬误。笛卡尔这句话也是有上下文的，他的原话是用拉丁文说的，将上下文结合在一起，翻译成英文大致是"I doubt，then，I think，therefore I am."。整体意思是，我对未知世界有疑问，然后我思考了，最后我明白了。笛卡尔讲，"只有当我理性思考的时候，我的感觉才会是真实的，这是我的'第一性原理'"。今天很多人喜欢说"第一性原理"，这个词就是笛卡尔在这段话里第一次提出来的。

我们知道，笛卡尔主张怀疑一切不确定的事情。因此在他看来，怀疑是获得认知的第一步，第二步是思考，最后是获得知识。笛卡尔和贝克莱最大的不同之处在于，笛卡尔强调思考，而贝克莱强调感知。其实公平地讲，笛卡尔和贝克莱的思想并不矛盾，他们只是各自强调了认识方法的两个不同侧面。

回顾一下前面讲到的洛克的白板说，人的过往决定了一个人会变成什么样。笛卡尔和贝克莱之所以对如何认识世界有不同的看法，也是因为他们的经历不同。

笛卡尔是一个数学家，擅长演绎推理。同时，他也是一个二元论的哲学家，接受了柏拉图的思想，认为理念世界是可靠的，真实世界可能不可靠。因此，他认为我们的感官有时会欺骗我们，呈现给我们的东西是不真实的。比如，我们做梦的时候也感觉周围的事物是真实的，但那显然是假的。再比如，我们看到日月星辰东升西降，也会误以为它们围绕着地球旋转，这当然也是假的。笛卡尔认为，只有理性能让我们免受感官带来的错觉欺骗。

贝克莱的经历则不同，虽然我们给他贴的标签是"大主教"，但他其实也是一位科学家。贝克莱专门研究人的视觉，以及为什么只有两个维度的视网膜上的图像能在人脑中合成出三维立体图像。他研究了眼球和眼睛肌肉的结构，做了很多实验，最后得出一个结论：人能够感受到三维物体，是视觉印象与其他感官（比如触觉和运动）联合作用的结果。比如我们走近一个花瓶，伸手去拿它，由于我们的眼睛不断接近它，花瓶和我们眼睛相对位置的变化就在我们眼睛中形成了三维花瓶的图像。这样的经验多了，我们的头脑中就有了三维花瓶的印象。贝克莱把他对视觉的研究写成了《视觉新论》一书。虽然他对视觉机理的阐述不是非常准确，但和今天医学界的看法大体是一致的。

贝克莱同意洛克关于人的一切观念都来自经验的看法，他认为一切知识都是正在经历的感受和经验的积累。通过对视觉的研究，贝克莱提出了联想在获得知识过程中的重要性。今天医学研究的成就表明，我们眼睛看到的画面其实只有中间很小一部分（大约一度角）是清晰的，整个画面是大脑联想合成出来的。正是因为对人类如何感知世界有深入的研究，贝克莱才相信通过感知获得的经验对人产生正确认识的重要性。

和贝克莱经历类似的是洛克。洛克原本是一位水平高超的医生，还获得了硕士学位，这在当时是很了不起的。此外，他还对当时的实验科学很感兴趣，和许多有名的科学家，包括波

义耳 [1]、胡克 [2] 等人共事过。这些经历对他成为经验主义哲学家至关重要。至于他后来发表那么多政治方面的观点，其实是一些机缘巧合的结果。作为一位名医，洛克曾经救过辉格党创立者之一的沙夫茨伯里伯爵的命，受到这位政治家的影响，洛克后对政治思想感兴趣，并且在这方面反而最有成就。

很多时候，在读到这些哲人的经历后，我们能更好地理解他们的思想，特别是理解他们为什么会那么想，为什么会忽略甚至反对同时代的另一些思想。了解了这些情况，我们也应该明白，我们的经验其实也在限制我们的思维。因此，我们要多了解各种思维工具和他人的想法。

笛卡尔的理性主义和贝克莱的经验主义有各自不同的应用场景。至于什么样的场景该用什么样的工具，休谟给出了一个判别方法。

延伸读物

［英］培根：《新工具》

1　罗伯特·波义耳（Robert Boyle），爱尔兰自然哲学家、炼金术师。
2　罗伯特·胡克（Robert Hooke），英国自然科学家、发明家。

何时使用经验，
何时相信理性

前面讲到，哲学是个工具，而工具就会有适用范围。不仅哲学如此，人类的任何知识都有这样的特点。休谟用了一个形象的比喻，就如同用叉子分开食物一样把人类的知识一分为二。后来，人们把这种划分知识范围的做法叫作使用"休谟的叉子"（Hume's fork）。

休谟的叉子所划出的一边是观念知识，另一边是经验知识。观念知识不需要经验的验证，主要包括数学知识，它们是通过理性思考和演绎推理获得的，因此不需要做实验来验证。比如勾股定理，你只要从几何学基本的公理出发，运用逻辑推理就能发现它、理解它，不需要去测量上百个直角三角形的边长来核实这个定理。可以讲，数学是人类知识体系和认知过程中的一个特例。与观念知识相对，经验知识包括数学之外几乎所有的知识。在休谟看来，这些知识是无法单纯靠理性来获得的，或者说单纯靠理性去思考这些知识反而不可靠。

那么，为什么说单纯靠理性思考反而不可靠呢？这主要有两个原因。其一，理性的世界只是全部世界的一部分，世界上存在很多合理的，但并不符合理性的东西，比如情感。对于它们，如果一定要用理性思考，是会出问题的。其二，很多人使用理性推理时，没有用好。最基本的理性的方法是归纳和演绎，但实际上，无论是归纳还是演绎，很多人都使用错了。下面我们就来具体谈谈归纳和演绎有什么误区需要避免。

使用演绎推理和归纳推理时的误区

先来看看人们在使用演绎推理时容易陷入的误区。

首先，演绎推理是从一个基本的结论出发，推演出各种不同的情况。这些情况之所以能够成立，是因为正确的结论其实已经蕴含在正确的前提中了。但除了数学，任何知识体系都无法确保前提条件完全正确。比如，我们根据教科书学习，然后根据书上的内容来做题、考试。我们能把题目做对的前提是教科书上写的内容都是正确的。今天我们知道，这一点未必能够得到保障。但是，过去人们常犯这种错误。比如，在科学革命之前，西方人在研究学问时会假定《圣经》上说的都是对的，或者亚里士多德说的都是对的。这种做法发展到极致就是教条主义。休谟反对这种做法。

其次，要从一个基本的结论推出衍生的结论，除了前提正确，还需要它和结论之间确实存在因果关系。但休谟说，我们其实很难判断真正的因果关系是什么，我们经常只是给两件在时间和空间上挨得很近、一前一后发生的事情套上了因果关系。

比如，秋冬季节，小张穿着短袖出门跑步，结果回来感冒了。过去人们会认为，着凉是感冒的原因，感冒是着凉的结果。这种因果关系对不对呢？今天的医学研究告诉我们，冷空气本身并不会让人感冒，真正让人感冒的是空气中的病原体。比如，普通感冒是由鼻病毒引起的，流感是由流感病毒引起的。实际上，在温暖、人很多却不透气的空间，一个人感染疾病的可能性比在冷空气流通的室外大得多。

再比如，人们过去常说"乌鸦叫，丧事到"，的确是有这种现象，但其中的因果关系究竟是怎样的呢？乌鸦叫是人死的原因吗？有人认为恰恰相反，是人快死时散发出的味道吸引来了乌鸦。你看，要准确找到两件事的因果关系是非常难的，今天我们认为毫无疑问的因果关系，也未必就是真正的因果关系。

接下来说说归纳推理的问题。

演绎推理是把普遍规律应用于个案，而归纳推理正好相反，是从个案中找出共同规律，其中最大的问题是个案是否具有代表性。比如，你们班上有几个同学都在看某本参考书，而且他们的考试成绩都提高了，能否得出那本参考书对考试成绩有帮助的结论呢？这还真不好说，那几个同学可能本身就是学霸，因此他们就不具有代表性。

很多人认为，只要研究的个案足够多，总结出来的规律就是正确的，因为已经反复验证过了。这种观点也是有问题的。举个例子。你可能听说过火鸡悖论，这是说有一个农场主，他每天出现在鸡窝前，给火鸡带来食物。久而久之，火鸡就归纳出了一个结论——农夫的出现意味着食物的到来。这个规律是否成立？火鸡今天验证一下，发现成立；明天又验证一下，发现还成立。这只火鸡可以说非常理性了，但等到感恩节的前一天，这个规律就失效了，理性的火鸡等来的不是食物，而是农夫的屠刀。归纳法中的这个现象也被称为不完全归纳，也就是说，用这种方法归纳出的结论并非对所有情况都成立。

除了上述两点，归纳法还有一个问题，就是人们在日常生活中会不经意地选择那些有利于自己结论的例子，忽视那些和自己结论相矛盾的例子。比如，很多人觉得炒股能挣钱，并且列举了很多次自己挣到钱的交易，却把赔钱的交易全忘了，好像它们根本没有发生过一样。这样归纳得到的结论肯定站不住脚，更无法指导将来的行动。

当然，有人可能会觉得，从个例和经验中总结规律不应该是经验主义要解决的问题吗？其实，经验主义和理性主义并非完全对立的，用经验验证规律是经验主义者倡导的方法，但从有限的经验中总结出普遍性的规律通常是理性主义者喜欢做的事。很多经验主义者都怀疑是否存在具有普遍意义的真理。比如休谟就认为，单纯靠理性思考，无论是用归纳法还是演绎法，得到的结论都可能不可靠。因此，包括休谟在内的很多经验主义者，常常被外人看成怀疑主义者。

既然通过演绎推理和不完全归纳得到的结果都可能靠不住，那么我们能依靠什么呢？还是经验。只不过，我们不能轻易从经验中总结所谓的规律，否则反而会让自己思想僵化或者被自己的经验误导。

举个例子，有一种情况被称为"懦夫困境"。它讲的是两个人开着车在一条很窄的道路上相对而行，双方都不想示弱躲避，最后胆子大的一方加速向对方撞去，胆小的一方则会因为怯弱不得不在最后给对方让道。这个理论有没有道理呢？不能说完全没有道理。你如果试几次，可能对方还真的让你了，但如果你觉得这样总结出来的规律是对的，那就大错特错了。终有一次，你会让自己掉进万劫不复的深渊。

第二次世界大战时，希特勒就是这么做的。1936年，他首先比较谨慎地将军队开入德法之间的非军事区，想以此试探一下法国的胆量，法国果然没有采取行动，希特勒的冒险成功了。在此之前，德国国防军的将军们对希特勒这种冒险的做法是持异议的。一次冒险成功后，希特勒进行了第二次更大的冒险。1938年春天，德国武装占领并吞并了奥地利。这一次，包括英国和法国在内的整个西方世界都没有表示反对[1]，这似乎证明了作为西方国家首领的法国和英国是"懦夫困境"中的懦夫。于是，希特勒开始了第三次冒险，施压要求捷克斯洛伐克境内人口以德意志民族为主的苏台德地区独立出来。这一次，他又成功了，英国和法国在慕尼黑会议上退让了，规定捷克斯洛伐克将苏台德地区"转让"给德国，其他西方国家也默不作声。第二年（1939年）春天，希特勒干脆出兵占领了捷克斯洛伐克全境。此时，西方国家还是没有动作。

这一系列成功似乎不断证实了两个规律：第一，每次德国态度强硬地坚持做某件事，西方国家就会认怂退让；第二，每次希特勒和将军们就军事冒险的结果判断不一致时，总是胆子更大的"元首"对了，谨慎的将军们错了。这种经验让将军们

1　德国和奥地利都是以德意志人为主体的国家，但在第一次世界大战后签订的《凡尔赛和约》明确规定了严禁德国和奥地利合并。

对希特勒产生了崇拜，也让希特勒自己陷入了信息茧房。结果
到了1939年秋天，德国再次冒险，试图压迫波兰让出东普鲁士
和德国本土之间的但泽走廊时，非但波兰没有退让，它背后的
英国和法国也没有退让，结果大战就爆发了。希特勒随后还进
行了好几次冒险的尝试，但最后输得很惨。

　　在生活中，一些霸凌者也是利用很多人"懦夫困境"的心
理赚人便宜，渐渐地，他们以为自己无所不能，直到遇到真正
的强者直接把他们打趴下，或者往日的"懦夫"显示出强者的
一面。显然，那些从懦夫身上总结出的、看似成功的经验，其
实只是偶然运气好罢了。

新经验主义和新理性主义

　　休谟提出的上述问题，无论是笛卡尔的理性主义方法论，
还是培根早期的经验主义方法论，其实都很难解决。直到近代，
随着人类在各个学科取得越来越多的成就，对于如何有效获得
正确的知识，如何不断纠正谬误，人们才形成了比较完整而有
效的方法论。这些方法论最重要的就是由约翰·杜威的实验主
义和卡尔·波普尔的证伪主义构成的新经验主义，以及以托马
斯·库恩为代表的新理性主义。他们基本上解决了不完全归纳

法不可靠的问题。

杜威是 20 世纪美国著名的教育家和哲学家，中国近现代的很多大师，比如胡适、冯友兰、陶行知、张伯苓和蒋梦麟等，都出自他的门下。简单地讲，杜威的观点是首先承认除数学之外的一切真理都是相对的，甚至是人主观确定的。在这一点上，杜威和近代的经验主义哲学家观点一致。有所不同的是，杜威并不认为真理是静止的，他认为世界上没有什么永恒的东西，世间万物都是变化的。因此，他强调反复通过实验来验证真理，哪怕是那些已经被验证过、我们觉得毫无疑义的真理。

波普尔是 20 世纪最重要的科学哲学家。他指出，真理光靠实证是不够的，因为即便证实了一万次，也不能保证覆盖了所有可能性。更重要的是，仅仅能够得到证实的理论可能是毫无价值的。比如，有人说"股市早晚要崩盘"，这件事可以不断得到证实，因为即便股市涨了很长时间，也总有下跌回调的一天。但这句话有什么意义呢？因此，波普尔讲，真理最重要的是具有证伪的可能性，简称可证伪。比如，"股市早晚要崩盘"就不具有证伪的可能性，因为股票很长时间没有跌并不能说明"早晚要崩盘"的结论是错的，只能说明时间还没有到。类似的，关于上帝存在或者不存在的说法也无法证伪。但是，如果你说"股市在 2023 年 5 月之前要崩盘"，或者说"上帝要在某年某月某日来某地"，这两句话就是可以证伪的，它们也就有意义了。

利用可证伪性这把叉子，波普尔在休谟所说的经验知识中又划了一道边界。一边是可证伪的知识，波普尔称之为科学；另一边是不可证伪的知识，波普尔称之为非科学。需要注意的是，非科学不是伪科学，它们的结论可能是正确的，只是不具有可证伪性。比如，人文社科领域的很多结论就不具有可证伪性，因此这些知识就是非科学，而不是伪科学。

讲到科学要证伪，可能有人会问：科学的结论不都是正确的吗？这是普通人对科学最大的误解。科学从来不代表正确，它只是一种获得知识的方法。和非科学不同的是，这种方法保留了证伪的可能性，因此可以越来越准确地认识世界的规律。因为一旦因为不完全归纳而导致的错误出现，我们就知道了，就可以修正它。这样科学就不断进步了。在这个过程中，任何人都可以去证伪，并不需要是专家或者权威。但是，在非科学的知识体系中，知识无法证伪，因而我们无法判断其对与错，也就很难进步。

杜威和波普尔回答了休谟没能回答的问题，就是对于那些因不完全归纳法得到的知识该如何对待。波普尔认为这不是个问题，因为知识的正确性总是相对的，被证伪之后进行修正就可以了。因此，我们不必为此担心。将杜威和波普尔的思想结合起来，对待知识和经验的态度应该是这样的：我们需要不断用经验验证自己的知识，特别是那些我们认为是常识的知识；如果发现它们被证伪了，我们就要更正自己的知识。

如果我们的知识随时需要更新，是不是就意味着我们没法总结出关于世界的一般性规律呢？科学哲学家库恩回答了这个问题。在《科学革命的结构》一书中，库恩提出了科学革命的范式理论，用叉子从时间维度将人类的知识做了划分。库恩认为，科学史总是可以分为常规进步和科学革命这两种不同的阶段。前者是常态，在这种阶段，人们会认为关于世界的普遍性认识基本上是准确的，最多需要一些小的修修补补；后者是非常态，人们发现过去关于世界的基础认知会遇到危机，最终会出现一种更好的革命性的世界观，取代之前占主导地位的观点。比如在历史上，天文学上的日心说取代地心说，化学上的氧化理论取代炼金术的燃素说，物理学中牛顿力学、麦克斯韦电学、相对论的确立等，都是科学革命阶段的事。

概括一下杜威、波普尔和库恩的理论：绝大部分时期，我们可以相信那些非反复验证的知识，因为我们处在常规进步的阶段，而非科学革命的阶段。但是，当某个领域的进步突然加速时，我们就要注意更新自己的知识。比如，今天大数据的使用使人工智能获得了突飞猛进的进展，我们很多的认知就不得不更新了。在空间上，我们可以使用休谟的办法，把知识体系分为三种，每一种采用不同的认知方法去学习。

第一种知识体系是数学，它是纯粹理性的。对于这类知识，不通过理性思考是学不会的。比如，数学上有很多概念，如"等号""开方""对数"等，它们在真实世界中都没有直接对应的存在，我们不可能靠观察或者感知得到这些概念，只能靠理性思考和逻辑推理认识它们。

第二种知识体系是科学（即自然科学），也就是波普尔所说的可以证伪的知识。在这类知识中，理性的成分很大。我们通常会通过归纳法得到简单明了的规律，而这些规律概括了相关领域的主要知识。学习这类知识，既要靠理性，也要靠不断摸索经验。同时，验证它们需要采用实证主义的方法；如果想准确勾画规律的边界，则需要采用证伪的方法。

第三种知识体系是非科学，包括很多社会科学和人文科学。在这类知识中，经验的成分更大。在这些领域，很多时候，我们不能完全依靠逻辑得出令人信服的结论，但经验可以让我们少走弯路。当然，这绝不意味着这些学科不需要理性的分析和逻辑，而是说我们往往无法从这些学科中找到自然科学定律那样普遍适用的规律。即使能找到一部分规律，它们也有严格的适用范围。

在现代的科学领域，还有一类知识介于自然科学和非科学的知识之间，包括心理学知识和医学知识。很多人看病都想找有经验的老大夫，这是有道理的。前面讲过，"经验主义"这个词最早就来自古希腊的医学，直到今天，经验在医学中依然占据着很重要的地位。美国和中国的很多名医都跟我分享过他们的行医经验，他们说，经验积累到一定程度后，他们给人看病就基本不会出大的偏差了，可见经验的重要性。

经验主义和理性主义可以合而为一吗

从经验主义和理性主义在近代的争论可以发现，经验主义的代表人物，比如休谟和洛克，都侧重于从对社会的观察中得出自己的哲学见解；理性主义的代表人物，如笛卡尔、牛顿和莱布尼茨，则都在数学上有很高的造诣。这并不是巧合，他们的工作方式和他们所擅长的领域是相匹配的。

那么，有办法将经验主义和理性主义结合成一种方法论吗？很难。在历史上，有人试图这么做过，但并没有成功。德国古典主义哲学的奠基人康德原本是理性主义的哲学家，但在看到休谟的书之后，他有一种猛然惊醒的感觉。于是，他花了很多年的时间修正自己的哲学思想，试图调和这两种思想的分歧，但从结果上看并不成功。

即便是在科学领域，经验主义和理性主义的做法也很难调和。就拿人工智能来说，早期的学者通常喜欢把它划归到自然科学的范畴，希望依靠理性和逻辑来解决人工智能的问题。其中，比较有代表性的学者是提出了形式语言理论的乔姆斯基。乔姆斯基试图用数学模型来产生语言，或者说把语言纳入数学的范畴。这可不可行呢？应该说部分是可行的，像今天的计算机语言，就可以完全被纳入数学的框架内。但是，人类的语言就没有这么简单了。人类的语言总是有很多例外，你找到的或者设定的规律，总是有失效的时候。于是，到 20 世纪 70 年代之后，在自然语言处理这个领域，贾里尼克等人扛起了经验主义的大旗，让计算机通过对经验和案例的学习来处理人工智能问题。今天人工智能的成功，就是在这批人的工作基础上发展起来的。

在很长的时间里，学术界有关自然语言处理的学术会议一直分成两派，一派偏传统语言学理论研究，比如国际计算语言学会议（International Conference on Computational Linguistics, COLING）；另一派偏经验主义，比如自然语言处理经验方法会议（Conference on Empirical Methods in Natural Language

Processing，EMNLP)。这两派的会议我都参加过，我发现这两类人完全不同。

再后来，各个研究机构的学者觉得，既然大家的目标是一致的，只是方法不同，为什么不能兼顾两种方法呢？于是，上面两种会议有时就会特意放在一起举办。但是，这并没有促进经验主义和理性主义的结合。事实上，虽然两类学者到了同一个会议上，但他们该用什么方法还是用什么方法，没有太多有价值的论文是兼顾各种方法的。到目前为止，人工智能和大数据领域的几乎所有成就都来自经验主义一派。因此，简单地将这两种方法放在一起使用，可能只会造就一个四不像的大杂烩，产生不了什么有价值的结果。

对于理性主义和经验主义，我倒觉得休谟的叉子是一个好工具。我们可以先把各类问题的边界划分清楚，然后对不同问题采用不同的方法，而不要试图找到一种能针对所有问题，还超级有效的方法论，更不能因为掌握了一套方法论，就"手里拿着锤子，看什么都是钉子"。数学用到的完全是理性主义的方法；自然科学既用到理性主义，也会用到经验主义。自然科学的规律通常是通过实验和经验发现的，这是其中经验主义的部分；但是自然科学只有被数学化，才能被广泛应用，这是其理性主义的部分。对于大多数非科学的知识体系，比如经济学，虽然做研究需要讲究逻辑，但是结论通常是通过经验主义的方法得到的。至于生活中的问题，通常经验更有效。不过，在做基本判断时，有时也需要使用逻辑。采用经验和逻辑进行双重验证，绝大部分失误都是可以避免的。

延伸阅读

　　［英］卡尔·波普尔：《猜想与反驳：科学知识的增长》《科学发现的逻辑》

　　［美］杜威：《经验与自然》

经验主义对社会有何影响

理性主义和经验主义不仅促进了科学的发展，为人类带来了科学时代，也对今天西方的政治、法律、科学和社会都产生了极为深远的影响。可以说，它们分别塑造了今天欧洲大陆和英美的文化和社会。前面在讲这两种主义的代表人物时，不知道你有没有注意到一个现象——理性主义的代表人物大多来自欧洲大陆，而经验主义的代表人物大多来自英国。这种现象不是巧合，它与欧洲大陆和英语国家在历史上的政治、经济特点密切相关。简单地讲，欧洲大陆更重理性，喜欢设计出一种理想社会，从根本上解决问题；英美则更重经验，喜欢对现有制度修修补补。不同的理念，不同的做法，就会有不同的结果。

为了加深对这些差异的理解，我们不妨对比一下一个曾经在欧洲大陆和英伦三岛都发生过的重大事件——启蒙运动，来看看不同的思维方式会怎样塑造出不同的社会。我之所以用启蒙运动为例来说明理性主义和经验主义的差异，一方面是因为启蒙运动极为重要，它可能是除工业革命之外最重要的历史事件；另一方面，它很好地说明了不同的思维方式会带来不同的做法，而不同的做法又会带来不同的结果。

被忽略的苏格兰启蒙运动

什么是启蒙？康德讲，启蒙就是人类脱离自己加之于自己的不成熟状态。事实上，人类真正进入现代社会，靠的是启蒙，这是从国家和社会的层面看启蒙。对个人来讲，其实也有一个启蒙的过程，让自己从不成熟状态进入成熟状态。一个国家获得启蒙的道路不止一种。人们通常比较了解的是法国的启蒙运动，卢梭、孟德斯鸠、伏尔泰和狄德罗等法国思想家从人的自然权利出发，为人类设计出了新的现代社会制度。但是，历史上其实还发生过一次可以比肩法国启蒙运动的运动，那就是苏格兰启蒙运动，它的影响一直延续到今天。当然，有人可能会觉得这种说法是夸大其词。这样认为的人，肯定是不了解苏格兰启蒙运动，甚至不太了解苏格兰对世界的贡献。

事实上，苏格兰启蒙运动才是今天世界在思想上的起点，今天的许多社会问题都可以在苏格兰启蒙运动的思想中找到答案。至于开启苏格兰启蒙运动的学者和受该运动影响而改变世界的科学家、发明家，更是大有人在，比如弗兰西斯·哈奇森、大卫·休谟、亚当·斯密、亚当·福格森、瓦特、麦克斯韦、亚历山大·贝尔，等等。因此，西方人这样评价苏格兰：除了古希腊，世界上还没有哪个民族，人口如此之少，对世界的贡献如此之大。美国历史学家阿瑟·赫尔曼甚至写了一本书，书名就叫《苏格兰：现代世界文明的起点》。

除了上述知识精英对人类的贡献，苏格兰人在各个领域都极为重要。比如，医疗上的青霉素，生活中不可或缺的自行车、电冰箱、传真机、ATM 机，以及无缝钢管、绝缘导线、充气轮胎等基本制造业零件，都是苏格兰人发现或者发明的。在科学领域，苏格兰人发明了数学中的对数，提出了物理学上的希格斯理论。在金融领域，苏格兰人创建了英格兰银行以及法兰西银行的前身。在文学领域，他们还创造了福尔摩斯和彼得·潘等不朽的形象。

这样一个对人类文明作出了巨大贡献的民族，有多少人呢？今天，苏格兰也不过只有 500 多万人，跟北京东城区、西城区和海淀区的人口总量差不多。从财富来讲，苏格兰的人均 GDP 在 4 万美元左右，比英格兰还少一点，在发达国家和地区中不算特别高的。但就是这样一个非常小，也不算太富裕的民族，居然人才辈出。而解答这个问题的钥匙，就藏在苏格兰启蒙运动之中。

　　虽然苏格兰启蒙运动的目的和法国启蒙运动相同，但两者背后的哲学逻辑和具体实施方法都有所不同，因此结果也不相同。从苏格兰启蒙运动中，我们能体会到经验主义做事方法的特点。

　　既然被称为"启蒙运动"，苏格兰启蒙运动最重要的成就肯定是在思想领域。当时，苏格兰最著名、最有代表性的思想家是哈奇森和休谟。他们从不同角度深入研究了人性的本质，目的是要建立一种正常的人和人之间、人和社会之间的关系。既然是要建立正常关系，就说明之前还存在不正常的关系。事实上，过去，无论是在西方还是东方，社会关系都建立在两种"不正常"的基础之上——靠人们对神的共同信仰确立起一种所谓的"兄弟姐妹"关系，或者根据出身和血统确立起一种封建等级关系。这两种社会关系都是被预设好的。因此，不同宗教之间，人和人不宽容；不同阶层之间，人和人不平等；就算是在一个家族内部，也有尊卑贵贱的差别。在启蒙思想家看来，这样的关系就是不正常的。所谓的正常关系，不是事先设定好的，而是在社会活动中自然演化形成的，它需要符合以人为本的商业文明社会的需要。

　　无论是法国启蒙思想家，还是苏格兰启蒙思想家，都看到了这些问题，也都知道社会该往哪个方向发展，但他们提出的办法完全不同，这一点我们会在后面详细对比。

苏格兰启蒙运动的第二个成就是催生了工业革命。而工业革命可以说是人类文明发展进程中最重要的事件。没有工业革命，我们的生活可能就不会比两千年前的人有太多改善。

我们都知道瓦特对工业革命的贡献，而瓦特之所以能成功，很大程度上就是因为事先掌握了发明蒸汽机所需要的科学知识。那么，他的科学知识是从哪儿来的呢？这就和瓦特任职的格拉斯哥大学的一位物理学教授有关。这位教授叫约瑟夫·布莱克，他不仅帮瓦特解决了很多有关蒸汽机的技术问题，还在精神气质上对瓦特产生了很大的影响。他们都坚信技术能带来工业上的革命，并且间接地让商业繁荣；工业和商业的发展将会使人更为自由，自由又将带来文明与优雅，然后推动人类的进步。

当然，具有这种思想的绝不止瓦特和布莱克两个人。当时苏格兰的中心爱丁堡，科学家和发明家辈出，学术氛围浓厚，被称作"北方的雅典"。在瓦特之后的发明家史蒂芬森父子、萨缪尔·摩尔斯、亚历山大·贝尔和爱迪生等人，都秉承了这种思想。今天，硅谷的发明家们又继承了那一代发明家的衣钵，相信技术能够改变社会。

苏格兰启蒙运动的第三个成就是开启了全球化的商业文明。对推动近代全球化贡献最大的是两个人，一个是著名经济学家亚当·斯密，另一个是当时英国首相小威廉·皮特。

简而言之，如果说法国启蒙运动奠定了现代国家的理论基础，那么苏格兰启蒙运动就是奠定了今天公民社会、商业社会和技术社会的思想基础。苏格兰启蒙运动用行动向人们展示了如何建立起新的人和人、人和社会的关系。具体讲，就是尊重每一个个体，使自己和他人获得精神上的自由，从而激发出巨大的创造力。这既是小小的苏格兰能够人才辈出的原因，也是今天社会的创造力要远远高于过去任何时代的原因。

苏格兰启蒙运动VS.法国启蒙运动

了解了苏格兰启蒙运动，你可能会好奇它和法国的启蒙运动有什么相同和不同之处。

这两场启蒙运动的相同之处主要体现在四个方面：第一，它们都是思想解放运动，特别强调个人的自由，包括思想的自由和按照自己的意愿做事情的自由。这是现代社会创造力的来源。第二，它们都清楚地意识到了在基督教和王权统治社会的历史完结之后，需要建立现代的人和人、人和社会的关系，而这种关系建立在平等的基础之上。第三，它们都强调理性和法制的作用，以及对权力的约束。第四，它们都强调仁爱。

不过，相对于两者的相同之处，我们更应该了解这两次启蒙运动的不同点。

首先，这两次启蒙运动诞生的原因不同。

先来看看法国的情况。在历史上，法国并没有进行严格意义上的宗教改革。虽然加尔文宗——准确地说是加尔文宗的分支胡格诺派——一度在法国有很多信徒，但法国天主教的势力一直很强大。1685 年，路易十四甚至发布枫丹白露敕令，宣布天主教为法国国教，废除承认胡格诺教徒享有信仰自由的《南特敕令》，改变了之前宗教自由的国策。此外，在路易十四当政期间，法国从过去的封建制变成中央集权制，封建主都被路易十四召集到凡尔赛宫，天天过着醉生梦死的生活，地方的权力则逐渐落到了国王派去的地方长官手里。在这种情况下，法国启蒙运动的目的主要就是反对教会和反抗王权。也就是说，法国启蒙运动有着明确的反对对象。

再来看看苏格兰的情况。苏格兰发生启蒙运动的直接原因是，1707 年苏格兰和英格兰合并，成立新的大不列颠王国。当时，在西欧各国主导的全球争霸中，苏格兰处处被动，在经济上濒于破产。于是苏格兰王国决定，干脆和自己的邻国——当时蒸蒸日上的英格兰合并。当时有不少苏格兰贵族反对这项计划，毕竟苏格兰和英格兰几百年来一直打打停停，关系不算很友好。但是，由于苏格兰实在是财政困难，最终国会还是通过了《1707年联合法案》。

合并之后，英格兰实际上控制了联合王国的外交和国防，苏格兰则保留了其他所有的独立性，包括独立发行货币。苏格兰不用再为国防发愁，苏格兰商人到了世界各地还可以受英国海军保护，苏格兰人就此获得了一种和平的发展环境。不过，苏格兰人很快就发现他们陷入了一种尴尬的地位，就是自己变成了英格兰的穷兄弟。于是，很多苏格兰人就开始思考要如何发挥自己的优势，定位自己在未来世界中所起的作用。

苏格兰的地理条件不是很好。虽然它的面积和英格兰差不多，但人口只有英格兰的十分之一左右。之所以会呈现这种情况，是因为苏格兰处于"两高"地带——纬度高，海拔也高。即便是爱丁堡这样位于苏格兰南部的大城市，纬度（北纬56度左右）也比中国最北部的城市漠河还高。这样的地方冬天日照极短，而这当然不利于农业生产。就算是在夏天，苏格兰晚上也经常要开暖气，因为气温实在太低。此外，苏格兰大部分地区被称为高地，因为确实山多，而山多，耕地自然就少。因此，苏格兰的农业不可能发达。更糟糕的是，苏格兰的山往往直接绵延到海边，即便是在海边也没有多少平原地带，更没有什么天然良港。如果看一下地图，你就会发现，苏格兰的海岸线特别长，而且很曲折，却没有大海港。

如果一定要找两个民族和苏格兰人对标的话，那么中国的温州人和北欧的荷兰人倒是很合适。这几个地方的土地都不适合农业耕种，不过正是因为有这样的地理环境，这三个地方的人都富有创业精神，很多人愿意或者说不得不离开故土讨生活。这也是那些地区出了很多商人的重要原因。

在发生苏格兰启蒙运动之前，整个英国已经完成了宗教改革，甚至已经完成了资产阶级革命，因此这场运动并没有明确的反对对象，只是苏格兰人要在近代社会中找到自己的定位，发挥自己的作用。

其次，这两次启蒙运动的主导者及其目的和做法不同。

在法国启蒙运动中，那些被我们看成旗手的思想家，有的是贵族，比如孟德斯鸠；有的出身于富商或者官员家庭，比如伏尔泰和达朗贝尔；有的虽然是平民，但也生活富足，比如卢梭长期是贵妇人华伦夫人的情人，狄德罗也很富有，而且一直是上流社会沙龙的座上宾。也就是说，法国启蒙运动的思想家主要是具有先进思想的社会上层人士。在具体做法上，法国的启蒙思想家都比较激进，他们宁愿坐牢或者被驱逐也要激烈地反对教会和国王，他们需要通过启蒙运动完成反对教权和王权的双重任务。

当然，在破的同时，法国启蒙思想家也在立，这体现在孟德斯鸠和卢梭等人对现代社会的构想中。卢梭的《社会契约论》和孟德斯鸠的《论法的精神》逻辑非常严密，充满了理性主义的光辉。他们提出的社会契约论、三权分立等学说，至今依然是西方世界国家政治体制的基石。但在当时的法国，这些启蒙思想家显然没有施展政治抱负的空间。因此，对于这些理想该怎么实现，他们也毫无经验。

后来法国大革命期间的革命家，虽然读的是启蒙思想家的书，但在治理国家方面，他们完全是没有经验的小学生。于是在操作的过程中，美好的信念往往被执行走样。还有更多的人只是听到了几句口号，就按照自己的意愿随意行事。等到雅各宾派上台时，人人都说自己是让 - 雅克（卢梭全名为让 - 雅克·卢梭）的学生，但他们绝大部分人根本就没有读过卢梭的书。

相比之下，苏格兰的启蒙思想家大部分是平民。哈奇森出生于一个下层教士家庭，休谟出生于一个普通律师家庭，提出了"公民社会"这个概念的福格森原生家庭情况不详，亚当·斯密就更惨了，我们甚至不知道他的出生日期，只知道他父亲是一位低级公务员，并且在他出生之前就去世了。

苏格兰启蒙思想家的共同特点是每个人都学富五车，但在个人经历方面没什么能让历史学家大书特书的事件。他们所做的事情，是在宗教定义的社会关系不再起作用之后，为人们寻找正常的人与人，以及人与社会之间的关系。他们既不反对教权，也不反对王权，甚至没有什么反对的对象，他们只是要通过改良社会来建立一个更公平、更好的社会。

在具体的做法上，苏格兰启蒙运动推崇的是渐进式改革，更尊重英国的传统和长期以来的治国经验。他们强调尊重社会既有的风俗和习惯，而不仅仅是普世的原则。他们支持自由，却不反对君主和贵族。更关键的是，虽然他们和法国启蒙思想家都认同人和社会、国家的契约关系，但他们都强调社会要有法律和制度，凡事要在制度框架内进行，而不像后来法国大革命时期的革命家那样鼓吹革命。不仅如此，苏格兰启蒙思想家并不想抛开英国的传统构建新的社会架构。因此，英国社会几乎没有发生欧洲大陆那样的动荡，而是在不断地进行改良。

再次，在这两次启蒙运动中，全社会的参与程度不同。

法国启蒙运动可以说是一些精英思想家用自己的思想启发、教育下层民众。在他们思想的形成过程中，有与学者的充分交流，有与上层人士的广泛来往，但几乎没有和下层普通民众的交流。所以，法国启蒙思想家的姿态总是有些高高在上，底层民众对他们的思想也没有真正理解，在实践中甚至有很多误解。

打个不恰当的比方，这就如同一群学富五车、非常理性的学者努力把自己的知识教给不识字的民众，试图开启民智，而百姓完全搞不懂那些道理，于是只好按照自己的理解随意行事。

苏格兰启蒙运动则不同，它是一个全民各阶层参与的运动。苏格兰启蒙运动能够开展起来，一个重要的原因是苏格兰教育水平很高。当时苏格兰有四所大学，而英格兰只有牛津和剑桥两所大学，欧洲大陆大学的数量也不多。苏格兰不仅大学数量多，而且大学注重的是实用教育。在当时苏格兰的大学，教授的大部分是我们今天所说的 STEM（即科学、技术、工程和数学）的课程和其他实用学科的课程，比如法学、医学和经济学。前面讲过，对于学习、研究这些领域的知识，经验主义的思维方式非常重要。与之相对，当时英格兰的大学教授的主要是拉丁文和希腊文，因为它们培养的主要就是上层人士、少数科学家，还有传教士。

此外，当时苏格兰不仅高等教育发达，普通教育也非常普及，大部分人都能识字。苏格兰有健全的职业教育系统，即便是家庭收入不高，无法进入大学接受专业教育的年轻人，也能接受职业教育成为工匠。同时，苏格兰知识分子的地位很高，对社会的影响力比较大。这些知识精英受到大众尊敬，自己的社会责任感也很强，他们强调民主、自由和公正，绝不是那种

"精致的利己主义者"。

在这种大背景下，18 世纪，由知识分子牵头，苏格兰出现了各种学术圈子。当时，苏格兰的贵族、地主和商人都热衷于资助各种学术团体和讨论文化艺术问题的俱乐部。比如，爱丁堡有一个著名的择优学会（The Select Society），亚当·斯密和他的老师弗格森都是会员；还有一个俱乐部叫扑克俱乐部（The Poker Club），但大家去那里不是为了打扑克牌，而是为了讨论哲学和科学问题。在苏格兰的另一个大城市格拉斯哥，则有格拉斯哥文学社（Literary Society of Glasgow）、哲学学会（Philosophy Society），等等。

在整个苏格兰，到处都是这种异常活跃的思想传播与论辩场所。广泛的学术交流对启蒙运动的产生和发展功不可没。虽然启蒙思想家大多是大学教授，但当时的苏格兰有数量众多的民间学术和思想团体，里面除了知识精英，也有很多企业主、律师、医生和普通民众。所以，苏格兰启蒙思想能更好地被普通民众理解。相比之下，法国启蒙运动的思想家集中在巴黎上流社会的沙龙中，普通百姓甚至政府官员都没有参与的机会。

最后，两次启蒙运动的结果不同。

法国启蒙运动和苏格兰启蒙运动都起到了改变社会的结果。但是，法国社会的改变经历了一番血雨腥风，中间还有几次不得不回归传统，然后再度爆发新的革命。从 1789 年到 1848 年，法国社会动荡了 60 年才彻底安定下来。在这期间，每次革命的目标都是理性的，革命者对未来社会都有着精美的设计，但在实践中一次次推倒旧制度的做法却显得很不理性。相比之下，苏格兰启蒙运动则非常温和。虽然它也旨在改良社会，但却采用了一系列尊重传统和经验的和风细雨式的改良。由于有全社会的参与，苏格兰启蒙思想可以不受阻碍地影响到英国上层的立法者和行政官员，从而慢慢改变英国的国策，再慢慢改变英国社会。在这个过程中，我们看不到多少波澜壮阔的历史场景。这可能也是历史学家很少花笔墨描写苏格兰启蒙运动的一个原因。不过，政治学专业的学者很少会低估苏格兰启蒙运动的地位。

总的来说，两次启蒙运动的目的最终都实现了，但苏格兰启蒙运动对社会的伤害小得多。可以说，法国启蒙运动思想家是用理性为人类设计了一个理想社会，苏格兰启蒙运动思想家则是指导人们根据经验用行动构建出现代社会的基本形态。

当然，我并没有要抬高苏格兰启蒙运动、贬低法国启蒙运动的意思。英国其实是占据了天时，当时它已经解决了宗教问题，也完成了光荣革命，是宪政国家了；法国则有各种先天不足，一次要解决太多问题，难度本来就很大。不过，英国尊重传统的习惯，也是它一直能够稳定发展、很少发生动荡的重要原因。它的这个特点也被人称为英美特殊性，这也可以被看成经验主义在国家和社会层面的一种体现。

延伸阅读

［美］阿瑟·赫尔曼：《苏格兰：现代世界文明的起点》

经验主义传统如何塑造了
英美特殊性

近年来，"英美特殊论"这个词经常出现在媒体上。这个词其实由来已久，它最初是由法国著名政治学家托克维尔提出的。一开始，托克维尔讲的是美国的特殊性，后来人们把它发展成了英美特殊论。直到今天，不少历史学家和政治学家还在用它来说明，为什么从英美得到的经验在其他国家不适用。

那么，英美究竟有什么特殊性呢？

在美国生活过一段时间的人可能会有这样一种感觉：它的测量单位与众不同，太难用。的确，和全世界大部分国家都不一样，英美，特别是美国，到今天依然在使用英制单位。我刚到美国的时候，每天早上起来看天气预报，都要在脑子里把华氏温度转化成摄氏温度，这样才能决定当天穿什么衣服。

这还只是生活细节，如果看更大的方面，英美也有很多特殊的地方，比如它们的法律制度和体系。英美和英联邦国家的法律是英美法系，也叫作判例法系。在这种法律体系中，最重要的不是法条，而是历史上的各种判例。你可能发现了，美剧和英剧中讨论法律问题时，大家总会说各种案件，而不是哪一部法律，就是这个原因。相比于英美，其他国家都适用成文法，即有立法机关专门制定的法律条文。

在政治方面，英美是世界上少有的使用联邦制的国家，且在基层采用地方自治的方式。比如，美国的州权力非常大，甚至可以制定自己的法律；英国的苏格兰和北爱尔兰也是处于高度自治的状态。

在商业方面，美英几乎没有国有企业。美国只有一家国有企业，就是美国邮政；英国虽然曾经有过国有企业，20 世纪末也都私有化了。

当然，每个国家都有自己的特殊之处。但有意思的是，其他国家想要学习英美的经验，往往难以成功，这时人们就会把这种现象和英美特殊性联系起来。而要真正理解英美的特殊性，就要从经验主义入手。简单地讲，就是重视传统，而传统则是从历史沿传而来的。

我们先从国家体制和法律的角度来看看经验主义对英美有什么影响。

1066 年，英国在诺曼征服 [1] 后立国，此后虽然有王朝的更替，但那些王朝的统治者其实都有血亲关系，只不过是在统治者没了直系后裔，由外姓旁系继承后换了一个家族名称而已。由于孤悬海外，在诺曼征服后，英国就没有受到过外来威胁，因此有一个安全的发展环境，可以慢慢发展。时间一长，各种传统，包括思想、道德、风俗、艺术、制度和规范上的，也就因此而形成。英国从来没有人来设计政体，如今的君主立宪制也是在漫长的历史中慢慢形成的。比如，英国的两院制最早可以追溯到 13 世纪，并且在 14 世纪已经成熟了起来，并非近代才出现。直到今天，英国也没有人为制定的宪法，而类似于宪法的《大宪章》是 13 世纪时国王和贵族谈判的结果，在随后的一百年里，也做了很多的修正。

美国虽然没有那么长的历史，但它在很大程度上继承了英国的传统。18 世纪末，几乎在同一时间段，爆发了影响世界历史的法国大革命和美国独立运动，因此历史书常常把它们放在一起讲，说它们都标志着非贵族的资产阶级政权在全世界开始确立。但回到当时的历史中，这两场革命的目的和性质完全不同。法国大革命是一场彻底推翻旧制度、建立理想社会的革命；

1　1066 年，以诺曼底公爵威廉为首的法国封建主入侵并征服英国。

美国独立战争虽然也打了仗，却没有伤害民众的生活。当年北美闹独立的人，并不是想推翻英国的制度，而是想过上和英国人一样的生活。究其原因，美国国父一代人虽然也受到了法国启蒙思想家的影响，但他们受洛克、休谟和亚当·斯密等英国思想家的影响更深。换句话说，他们受经验主义的影响更深。

对于如何构建一个新国家，美国国父一代人最初都没有明确的想法，基本上就是按照英国人的经验来，美国宪法本身就是各方妥协的结果。虽然大部分代表都在这部宪法上签了字，但大家都觉得不够满意。就连富兰克林本人都说，不知道这部宪法能维持多少年。令人惊讶的是，后来美国宪法除了增加了杰斐逊坚决要求的十条修正案（人权法案），两百多年来竟然几乎都没有改变过。至于英国的情况，就更离谱了，它到今天都没有一部正式的宪法。如果一定要把《大宪章》说成英国的宪法，那也是妥协的结果。

不仅宪法如此，英国和美国也没有民法典、刑法典这样的大法典，甚至在很多领域都缺乏全国性的法律。我刚到美国时，有时不确定一件事能不能做，同学就让我打电话问一下州法是怎么规定的。这句话传达出了两个信息：第一，没有明确的联邦法律；第二，各个州的规定也不同。美国有很多很奇葩的地方性法律。比如，马萨诸塞州有一条法律规定，如果没有把卧室的门窗关好，就不准打呼噜。这些奇葩的规定怎么来的？通常就是有人为这件事打过官司，进而定下了这么一条判例。

我刚到美国时对此很不习惯，后来越来越觉得判例法特别方便，因为凡事有据可循，不至于大家对法律的解释千差万别，也不至于同样的案子判出不同的结果。至于法律没有覆盖的地方，宪法第十修正案讲得很清楚：法律没有禁止，就默认是可以做的。如果将来发现问题，再通过一个新的判例纠偏就好。美国并非完全没有成文法，但它们最初也都是一些判例，只不过后来最高法院进行了归纳总结而已。

相比之下，法国法律的气质就高大上很多了。拿破仑基于罗马法的精神制定了《拿破仑法典》，有人说这是世界上设计得最完美的法典，充满了人文主义精神和理性的光辉，还有严谨的逻辑性。法国法典代表的这一类法律就被叫做大陆法系。但是，大陆法系实行起来对法官的要求非常高，它的每个法条都像是科学领域的一个定律，怎么解释、怎么应用都依赖于使用者的水平。相反，判例法就像是一个习题集，每一个判例就是一个例题，后面的人抄作业就好了。

英美的法律制度又会进一步影响商业制度。比如，出现了新型的纠纷怎么办？如果是在大陆法系的国家，这种情况很难办，因为法律的制定速度通常赶不上商业的创新速度，出现纠纷很可能会无法可依。但在英美法系国家，这种情况处理起来就会容易一些，因为可以让陪审团来作出判断，即使没有针对性的法律，陪审团也能够根据生活经验和常识作出判断——在美国的诉讼中，陪审团负责判定被告"有罪"还是"无罪"，法官负责具体量刑。举个例子，在美国，上市公司财务造假会被判处非常重的刑罚，这就来自最早的一些判例。

美国企业的上市制度和其他国家也有很大的差别。美国采用的是注册制（这是 20 世纪 30 年代美国在金融领域的一项改革举措），对于要上市的公司没有明确的门槛要求，你只要在证监会注册，并且有人愿意买你的股票就可以了。一套流程走下来，用不了 10 个月，非常便捷。英国虽然在证券市场上的做法没有美国这么灵活，但相比欧洲其他国家，也可谓宽进严出。英国之所以要脱欧，一个原因就是受不了欧盟对金融的监管。世界上其他国家大多采用的是审批制，对上市公司有明确的资格要求，公司上市本身就是一件很难的事情。看到这里，有人可能会担心，美国这种做法会不会让骗子公司钻空子？事实正相反，美国的股市是全世界回报最高、管理得最好的。而这不仅和英美法系的司法制度有关，也和它的市场纠错机制有关。英美法系的司法制度前面已经讲过了，那市场纠错机制又是怎么回事呢？美国不限制做空股票，更不限制股价下跌的门槛，因此但凡作假、盈利达不到预期的企业，股价一天下跌 90% 甚至更多是常有的事，长期股价低迷则公司就要退市。也就是说，它靠经验的方法和市场的力量在不断调整股市。1996 年以来，美国股市的公司数量从最高峰的 8000 多家减少到了 2020 年的 4000 多家，股市的规模却从 1996 年的不到 10 万亿美元涨到了 2021 年的 50 万亿美元。股市的繁荣，与它背后法律体系的严格监管以及市场纠错机制是分不开的。

可以说，美国和英国在很大程度上是靠经验来治国，谁当美国总统或者英国首相，对国家政策的影响都不会很大，因为他能做的只是在传统和经验的基础上做一些微调。

英国和美国另一个特点是重视资本的力量，鼓励工商业。从 15 世纪输掉英法百年战争开始，英国就放弃了对领土的追求，转而向海洋发展，并且发展成了一个贸易大国。在大航海时代，英国靠重商主义获得了很多商业利益。说到重商主义，有人容易从字面上将它理解成单纯重视商业。其实重商主义是指，一个国家通过尽可能多地生产产品，降低对外国供应商的依赖，实现贸易顺差，囤积贵重金属。在这个过程中，英国政府扮演着重要的角色，因此它有点像我们今天说的国家资本主义。

但是，重商主义会损害英国长远的利益，因为世界各国都将是它的贸易对手。在苏格兰启蒙运动期间，在工业革命尚未开始的时候，亚当·斯密就看到了放弃贸易保护、倡导全球贸易的重要性。他反对由国家自上而下地主导贸易，强调"看不见的手"，相信市场本身对经济的调节作用。这是对经济法则的尊重，也是现代商业社会的基础。英国当时的首相小威廉·皮特是亚当·斯密的崇拜者，他在任上积极推动自由贸易政策，恢复了和美国的贸易；英国东印度公司长期垄断对亚洲的贸易，皮特就在1784 年发布的《东印度公司法案》（*The East India Company Act 1784*）中对它进行了改革。正是皮特对自由市场经济坚定不移的支持，让英国加速成为全球性帝国。美国在发展的过程中，学习了英国小政府大市场的做法，也成为一个以商业立国的国度。

相比法国、德国和俄罗斯等专门进行过制度设计的国家，英国和美国是靠不断积累经验、优化自身发展起来的。因此，时间一长，英美在政治、法律、商业和生活习惯上都和其他国家不一样了，这就是所谓的"英美特殊论"，它其实是将经验主义思想方法应用到社会问题上的结果。

最后，我要再次强调，经验主义不意味着固步自封，而是用经验不断验证我们的认知，然后获得更加丰富、全面的经验。

延伸阅读

［英］J. C. 霍尔特：《大宪章》

结语

今天了解两三百年前的哲学思想依然很有意义，因为关于如何有效获得知识的基本方法就是在那个时代总结出来的，此后哲学家和思想家的工作不过是在那个时代的基础上进行微调。面对如今信息过载的情况，我们每个人都希望有效地学习，更快地进步，而这就需要了解理性主义和经验主义。

理性主义告诉我们，人类有能力通过理性认识世界，以及这个世界变化的规律。更重要的是，那些最基本、最常用的规律都是简单的、可以重复使用的。经验主义则告诉我们，世界是复杂的，很多事情不可能用几个简单的规律概括，我们必须不断积累经验。特别是在处理规则覆盖不到的领域中的复杂问题时，更要靠经验。

理性主义和经验主义并不矛盾，它们只是有不同的适用场景。为了确保用对了方法，在遇到问题时，我们不妨采用"休谟的叉子"这个工具，把问题做一个分类，然后再选择合适的方法去解决。此外，我们还要警惕理性主义在解决社会问题方面过于简单化的危险。大部分时候，自然演变得到的结果，要比人们简单依靠理性设计出来的结果好。

4

超越庸常生活，成为"更高的人"

人类从近代以来的各种成就，包括科技的发展、工业革命的发生、艺术和文化的繁荣以及民主制度的确立，都和理性运动有关。不过，到 19 世纪末，理性运动似乎走到了尽头。这倒不完全是因为"理性"的基石——逻辑，不能解决所有问题，更是因为人类社会在工业化的同时忽略了人自身的很多问题，特别是关于人的价值的问题。发展科技和工业原本是为了让人们过得更好，在最初的一百多年里，也确实做到了这一点。但到 19 世纪末，工业化的问题逐渐显现出来，特别是社会对效率和利润的追求对人的价值形成了挑战。于是西方世界的思想领域再次转向，包括黑格尔、叔本华和尼采在内的一些哲学家，一改之前培根、笛卡尔、莱布尼茨、休谟和康德等人关心方法论的做法，把关注点放在了历史、社会和人本身上面。用黑格尔的话讲，哲学也将达成它最后的目标：对包罗万象的历史与人性产生完全的理解。

　　关于人的哲学，我们重点谈谈尼采。一方面是因为尼采对今天社会的影响非常大，今天大家常用的很多金句都来自尼采；另一方面是因为尼采曾经帮助我走出生命的低谷，重新塑造了我。而关于哲学本身的问题，我们不能不谈到维特根斯坦。

如何理解尼采的思想

尼采对西方 20 世纪后的社会、文化和思想影响极为深刻。比如，在存在主义等哲学思潮、奥地利音乐家勋伯格等人的现代音乐，以及著名舞蹈家伊莎多拉·邓肯等人的表演艺术中，都可以看到尼采思想的影子。而我接触到尼采，正是在我的身体状态和心情处于最低谷的时候。在这种情况下，人通常会沉沦，但也会花很多时间思考。那时我读了很多书，包括尼采的著作。得益于尼采的思想带来的启发，我走出了困境。今天很多人都会面临心灵上的问题，而尼采就为我们提供了一套哲学和思想上的工具，能帮助我们摆脱这些问题。

尼采的思想并不好理解，这一方面是因为尼采的书不像之前哲学家的书那样富有逻辑性，另一方面是因为要读懂尼采的思想，就需要对欧洲的文化和历史有所了解，否则很容易产生片面的理解和误解。在历史上，纳粹就曾经借用尼采的思想宣传自己的理念，因此也有人说尼采是一名危险的思想家。不过，如果真正了解了欧洲的历史和尼采的思想，你就会知道这种理解只是一种断章取义。

在介绍尼采的思想之前，我们先来了解一下尼采这个人。

尼采和叔本华

1844 年，尼采出生于今天德国城市莱比锡附近的一个小镇。当时德国还没有统一，这个小镇实际上处于普鲁士的管辖之内。尼采的全名是弗里德里希·威廉·尼采，其中"弗里德里希"这个名字就来自普鲁士国王腓特烈·威廉四世——在德语中，"弗里德里希"和"腓特烈"其实是同一个词。

尼采的父母笃信基督教的路德宗（基督教新教的一支），父亲希望他能成为一名牧师，但他对音乐、艺术和诗歌更感兴趣。尼采的音乐造诣极深，他对瓦格纳音乐的评论非常到位，而且还自己创作过音乐。从这里就可以看出，尼采身上有着浓厚的艺术气息，而这也体现在他的著作中——比起严谨的哲学论文，尼采的很多著作都更像是散文或者诗歌。

1864 年，尼采 20 岁，他进入德国的波恩大学，并且在 1865 年研读了德国哲学家叔本华的许多著作，这可能是第一个对尼采产生了重大影响的哲学家。叔本华主张唯意志论，在其著作《作为意志和表象的世界》中，叔本华把世界分成了表象和意志两部分，不过他认为世界在根本上是意志的。

从某种程度上说，叔本华的思想和柏拉图讲的二元世界有点类似。在柏拉图的思想中，存在理念世界和现象世界的区分，二者之间由理念作为桥梁；叔本华也是把理念作为意志世界和表象世界的桥梁。不过，两人思想的不同之处在于，他们所理解的"理念"是不同的。叔本华讲的理念能够通过感知来获得，柏拉图说的理念则要依靠纯粹理性的思考和推理来触及。因此，叔本华更强调艺术和艺术审美对认知的作用，柏拉图则更强调基于概念和逻辑的思考。

叔本华对尼采的影响是全方位的，其中最主要的有两点。

其一，叔本华让尼采看到了人生悲剧的底色，并且让他关注到了意志对人的作用。不过，与叔本华消极人生观有所不同，尼采还看到了人积极的一面。叔本华认为，人生就是痛苦的，对此我们似乎无法改变；但尼采认为，**生命存在无限可能，我们应该积极去创造**。

其二，叔本华启发了尼采思考非理性的艺术等因素对感知世界的作用。

在哲学史上，从康德到黑格尔的德国古典主义哲学都强调理性的作用。再往前追溯，从古希腊的苏格拉底、柏拉图到中世纪的奥古斯丁和阿奎那，再到欧洲近代的笛卡尔、牛顿等人，他们的理性主义思想是一脉相承的。近代化和工业革命本身就是理性主义的胜利。但是到 19 世纪末，理性主义思想开始遭遇困境，因为通过理性构建的社会发生了异化，反过来否定了人的自由和价值，让人成了机器和工业社会的附庸。和理性相对的显然是非理性，于是一部分思想家开始探索从非理性的那一面去理解人和世界。尼采就属于这一类思想家。

不过，在尼采活着的时候，他的哲学思想在西方并没有什么市场。这也不难理解。毕竟，我们既可以说尼采的哲学独树一帜，具有颠覆性色彩，也可以说他离经叛道。无论是读尼采后期写的书，还是读他的挚友勃兰兑斯写的《尼采》一书，我们都会有这样一种感受：尼采很清楚当时的人不理解他，但他坚信后人会理解他。这种自信通常只有哲学家才有。不过，不被人理解也就罢了，更糟糕的是，很多人会曲解他的思想。后来纳粹就是这样把他的哲学改造成自己的理论基础的。

尼采、瓦格纳和普法战争

1867 年，尼采在波恩大学学习了三年后自愿去参军了。那时他还年轻，对战争没有什么了解。1868 年，尼采因为遭遇车祸而退役。此后，他开始潜心研究哲学，并且在瑞士的巴塞尔大学任教。在这段时间，他认识了音乐家瓦格纳，并一度成为挚友，两人的相遇被后人称为"伟大命运的邂逅"。

瓦格纳在历史上有两重身份。他首先是浪漫主义的音乐巨匠，把歌剧艺术推向了最高峰，他在歌剧艺术上达到的高度至今都令人难以超越。他的歌剧大多是在讴歌英雄，突出人性的光辉，结局通常是英雄通过牺牲自我换取一个新世界的到来。此外，瓦格纳还是一个德意志民族主义者。

在长达千年的时间里，德意志民族一直没有一个统一的国家，他们生活在东欧、中欧，再到部分西欧的广大地区。在文艺复兴和宗教改革时期，德意志地区比英国、法国和西班牙等欧洲国家更早地产生了新思想，并且成为欧洲一个富庶且自由的地区。但是，随后的三十年战争改变了德意志地区的历史轨迹。当时统治那里的神圣罗马帝国战败，德意志地区进一步陷入四分五裂的状态，然后一直被周围强大的君主国欺负。不过，德意志民族并没有因此觉醒。直到拿破仑战争之后，德意志民族因为饱受外来入侵，才有了强烈的民族意识，当时的知识精英就特别渴望建立一个统一的大帝国。后来，这种情绪发展成了德意志民族的民族主义。从费希特到黑格尔，德意志民族每一代思想家要崛起的使命感都特别强烈。比如，黑格尔就坚信，"德国的时刻"将会来到，它的使命将是振兴世界。瓦格纳也有这样的思想。今天，哪怕是一个对音乐不太熟悉的人，听到瓦格纳歌剧中那些宏大的序曲，也会感觉到英雄的伟大和凡人的渺小。

尼采早期也被瓦格纳歌剧中的英雄和瓦格纳本人打动了，他还在自传《瞧，这个人》中写道："我们的天空万里无云，没有瓦格纳的音乐，我的青春简直无法忍受。"在第二次世界大战期间，瓦格纳的音乐被纳粹用来宣传泛日耳曼主义（即泛德意志主义）。

尼采有没有受到瓦格纳德意志民族主义的影响呢？20世纪初的德国民族主义者会宣扬这一点。不过，如果了解尼采的生活轨迹和他思想变化的全过程，就会发现这是对他的刻意曲解。年轻时的尼采或许有德意志复兴的情结，但一场战争改变了他的想法，那就是曾经让德国人引以为傲的普法战争。

在巴塞尔大学任教期间，尼采就宣布放弃了普鲁士公民权。也就是说，这位后来被纳粹德国奉为"神明"的哲学家，其实直到死一直是一名无国籍人士。不过，当1870年普法战争爆发时，尼采这位大学教授还是申请参军，作为医护兵参加了这场战争。

参加这场战争给尼采带来了三个结果。首先，尼采的身体本来就不好，而参加这场战争让他的身体进一步被搞坏了。其次，尼采不再认可德国发动战争的正当性，这一点后来的纳粹从来不愿意提及。最后，也是最重要的，尼采认识到，德意志文化发展最大的威胁并非来自法国，而恰恰来自它本身在军事和政治上的胜利。这和当时德意志的主流思想是相悖的。

当时人们普遍认为，如果没有普鲁士的军国主义，德意志文化就早就从地球上消失了。但尼采指出，政治和军事上的胜利不仅不能带领德意志民族发展出更先进的文化，反而有可能制约文化的发展。此外，在普法战争胜利后，德意志地区的很多日耳曼人认为自己的文化已经超过了法国。尼采则指出，德意志文化的底蕴相比法兰西还差得远。在《德国历史中的文化诱惑》一书中，德国作家沃尔夫·勒佩尼斯客观评述了当时法国和德国的文化，并且引述了尼采的观点。尼采在很多著作中表达过，仗虽然是德意志打赢了，但在文化上依然是法兰西更先进。

19 世纪，德意志的民族主义情绪高涨，他们原先有一种自卑感，此时这变成了他们自强的动力，然后又转到另一个极端，瞧不起欧洲其他民族，特别是拉丁民族（比如法国人），认为自己的民族更优越。在这种环境下，尼采是难得能保持客观冷静的人。因此，第二次世界大战前，纳粹用尼采的哲学把军国主义和德意志文化绑在一起宣传是一件非常荒谬的事情，毕竟这恰恰就是尼采所反对的观点。

尼采的思想

1870 年，尼采回到巴塞尔大学继续当教授。1872 年，他出版了自己的第一部著作《悲剧的诞生》。严格地讲，这本书不是标准的哲学作品，很多人把它看成关于艺术和美学的作品。但是，这本书奠定了尼采哲学思想的底色，他的非理性主义和唯意志论的思想，甚至后来的超人哲学，在这本书中都已初见端倪。

在《悲剧的诞生》中，尼采提出了"酒神精神"。今天，这被认为是对理性主义的否定。那么，具体什么是酒神精神呢？在希腊神话中，有日神和酒神，他们都是众神之王宙斯的儿子。酒神狄俄尼索斯代表生命力、戏剧、狂喜和醉酒，日神阿波罗则代表理性、诗歌、音乐和光明。尼采用酒神精神指代人精神上非理性的那一面，用日神精神指代人理性的那一面。

可以说，从 17 世纪开始，欧洲就进入了理性时代。尼采认为，这个时代是由阿波罗精神主导的，人们强调理性和秩序。实际上，我们今天看到的各种励志文章，各种宣传科技永远会进步、永远会让世界变得更好的信息，都是阿波罗精神的体现。尼采讲，日神是一种形式美，有节制和对称，是分析和分辨。日神精神象征的是形式主义、古典主义和视觉艺术。

但是，人毕竟也有酒神狄俄尼索斯的一面。比如，我们某天感觉很累，其实就是因为我们身上的日神精神不足以支撑自己全部的活动。我们感到孤独、无助，想努力改变自己的阶层地位却举步艰难，更不要说走出命运所安排的宿命了，这是人生苦难和悲剧的一面。古希腊人早就意识到了这一点，因此他们认为悲剧是人生的底色，而酒神就代表着悲剧的艺术。所谓酒神精神，就是要让人们打破禁忌，解除一切束缚，消弭人与人之间的界限，甚至放纵欲望，复归自然。

尼采虽然赞同叔本华的悲剧人生观，但他对人生苦难的态度是积极的。尼采指出，悲剧艺术的目的是让人感知到某种神圣的东西，去化解苦难，获得欢乐，唯有艺术能做到这一点。

尼采的思想当然也有它诞生的时代背景。19世纪下半叶，理性主义在欧洲依然盛行。自牛顿以来，整个欧洲科学革命和工业革命的成就都被认为是理性主义的胜利。但是，也有理性主义解决不了的问题。以尼采为代表，从19世纪下半叶开始，西方思想界开始反思理性主义，很多思想家也开始重新思考"人"本身。当然，这个问题并没有一个标准答案，但很多哲学家、政治家和革命者都提出了有价值的观点。这里，我们重点介绍尼采观察到的现象和他给出的解决方案。

尼采观察到，在当时的欧洲，传统的基督教价值观已经摇摇欲坠了。很多人认为，只要摆脱了基督教的束缚就能获得自由。但人们很快就发现，摆脱基督教的束缚后，自己站在了一片荒原之上，虽然很自由，却找不到前进的方向。尼采认为，很多人的精神世界因此充斥着软弱和虚伪，很多人所谓的道德只不过是虚伪的表现。他最著名的那句"上帝死了"，其实就是在说那些虚伪的道德和价值已经不起作用了。对此，尼采提出的办法是，人应该向内，从人本身的存在寻找答案。

尼采认为，人应当昭示自己的天性，因为人天生就是有德性的，只是很多人的德性被后天的虚伪思想掩盖了。真正的强者，是在世人都变得庸俗、盲从时，掌握自己自由的意志。也就是说，通过自己精神的升华，拯救自己的苦难，这在后来被称为"超人哲学"。从这里不难看出，尼采的哲学虽然有悲观的底色，却也充满积极昂扬的精神。

尼采的想法有没有道理呢？它肯定不是绝对正确的，但确实很有价值。很多人反对尼采的思想，是因为觉得他把人分成了三六九等，分成了超人和凡人，但这其实是从字面肤浅地理解"超人"这个词的结果。我在后面会讲到，尼采说的超人并非电影里的超级英雄，"超人"里的"超"也不是"超级"的意思，把它理解成"超越"可能更准确一些。后来的一些思想家，比如存在主义的代表人物萨特，就保留了尼采思想中积极的因素，强调每个人在根本上都是自由的，强调每个人的内在价值——这其实是尼采思想的精髓。

经过了一个多世纪，尼采的著作依然有广大的读者，这主要是因为他的思想依然具有现实意义。

简单地回顾一下历史就能发现，西方国家在工业化刚起步时，理性主义思想在全社会占上风，否则工业化也很难成功。但再往后，就容易遭遇尼采的时代所遇到的困境：一方面，人成为工业化的工具，感到失去了人生的意义；另一方面，工业化的发展又催生出物质主义和拜金的思想潮流，很多人变得市侩而又虚伪，社会变得浮华而又喧嚣。

在这种困境中，各种各样的人生鸡汤也会应运而生，不过人生鸡汤并不能解决问题。这种现象在本质上就如同英国诗人柯勒律治所讲的，"到处都是水，却没有一滴可以喝"。

尼采正是在这种背景下提出了他的观点，也就是保持精神的积极与昂扬，超越他人，超越自我。我个人不太喜欢用"超人"这个说法，因为这容易让人产生误解；但这个概念所强调的内心强大、不盲从、敢于冒险、不怕失败的精神特质，确实是一个人应该拥有的。

到了 20 世纪，随着技术的发展，人们的生活变得更加容易了。但是，各种颓废的思潮也更容易通过发达的媒体触及广大的人群，以至于许多人陷入了娱乐至死的困境。这就如同历史的轮回，人们又遇到了一个多世纪前的问题，于是又回到尼采的哲学中寻找答案。当然，归根结底，尼采的哲学讲的是人本身的问题，以及每个人都会遇到的困境，而这些问题都是人类的终极问题，是每一代人都会遇到的。

几十年前，当我自己在精神上遭遇困境时，我读到这样的思想也备受鼓舞。人在遭遇困境时，通常有两种选择，一种是就此躺平，放弃努力；另一种是站起来，顽强地与困境抗争。虽然抗争可能很艰难、很不舒适，但人只有站起来，才能彰显自己内在的价值，而这也正是尼采最基本的主张。

接下来的几节，我们就来具体地看看尼采的三个重要的观点——上帝死了、主人道德和奴隶道德说，以及超人学说。很多人都听说过这三个说法，但绝大多数人的理解都停留在字面上。这样的理解不仅无益，而且有害。因此，我们需要回到尼采的著作，看看他究竟是怎么说的。

延伸阅读

［丹麦］乔治·勃兰兑斯：《尼采》

［德］尼采：《悲剧的诞生》

"上帝死了"，人该怎么办

尼采说"上帝死了"，究竟是想表达什么？单从字面上看，你可能会觉得尼采是在批评基督教，说基督教衰落了。但是，事情没有这么简单。"上帝死了"这句话其实是尼采哲学的一个前提假设，或者说是尼采对当时社会情况的一个概括。我们不妨先来看看尼采自己是怎么说的。

尼采最早讲到"上帝死了"这件事，是在他38岁时出版的《快乐的科学》一书中。在书中，他讲了一个故事，你能从这个故事中充分体会到尼采文字与思想的魅力和震撼，但故事有点长，所以我把原文附在了这一小节的末尾。如果你有兴趣，不妨翻到后面阅读一下，相信你一定会受益良多。

简单地说，这个故事是这样的：一个疯子在大白天手提灯笼，跑到市场上呼喊"我找上帝！我找上帝！"[1]此时，市场上

1　[德]尼采：《快乐的科学》，黄明嘉译，漓江出版社2007年版。本节其他引自该书的内容，也选自这个版本。

刚好聚集着一群不信上帝的人，于是他们都嘲笑这个疯子。有人问，上帝失踪了吗？有人问，上帝像小孩一样迷路了吗？还是说上帝躲起来了？

疯子跳到这群人中大喊："上帝哪儿去了？让我告诉你们吧！是我们把他杀了！是你们和我杀的！咱们大伙儿全是凶手！"然后，尼采借疯子之口，用很大的篇幅渲染了上帝死后的状况，比如"地球会离开所有的太阳吗？""我们会一直坠落下去吗？""是不是一直是黑夜，更多的黑夜？"等等。

然后，疯子又大声控诉："谁能揩掉我们身上的血迹？用什么水可以清洗我们自身？"接着疯子又说："这伟大的业绩对于我们是否过于伟大？我们自己是否必须变成上帝，以便显出上帝的尊严而抛头露面？从未有过比这更伟大的业绩，因此，我们的后代将生活在比至今一切历史都要高尚的历史中！"

这样听下来，你可能也会觉得疯子的话是自相矛盾的。但尼采在书中写道，四周的人都沉默了，异样地看着这个疯子。结果，疯子把手里的灯笼摔在地上，说："我来得太早，来得不是时候……凡大事都需要时间……但是，总有一天会大功告成的！"

这个故事到底是什么意思？很显然，这里的上帝不是基督教教义中的那个上帝。尼采其实是用"上帝"代表传统的权威和既定的信仰，也代表着我们原本习以为常的道德和社会习惯。这些权威、信仰、道德和社会习惯曾经是整个社会的精神支柱，但随着传统社会的逝去和工业文明的发展，人们发现过去这些支撑人们的东西已经都不管用了。所以尼采说，是人们自己在不知不觉中杀死了上帝。其实，故事中那个疯子就是尼采的化身。尼采也很清楚，他来得太早了，很多人根本就还没有意识到"上帝死了"这件事，而尼采却将它大声呼喊出来了。

看到这里，你是否会觉得这个故事有似曾相识的感觉？如果读过鲁迅先生的《狂人日记》，你就能体会到这两个故事的相似性。事实上，鲁迅先生早期就深受尼采的影响。

在很多人还没有意识到传统的一切都将消失，人们将进入一种思想上的虚无状态时，尼采就看到了这一点。那么，面对这种处境，尼采又提出了怎样的应对策略呢？大致上可以总结为三个要点。

第一，意识到真相。

尼采认为，无论是柏拉图描述的理念世界，还是基督教说的天国，又或者是理性主义讲的永恒的道德和秩序，都只是人类的产物，并没有终极的客观性。当它们被推翻，或者说"上帝被杀死"之后，人类的精神世界就会失去方向，人们会茫然不知所措，以至于出现虚无主义。尼采通过疯子之口讲的那段上帝死后混乱不堪的景象，就是人类在精神世界迷失方向后的表现。

顺便说一句，"五四运动"前后，鲁迅那一代中国文化精英中的不少人都深受尼采影响，因为他们和尼采面临着类似的时代背景：旧的儒释道哲学和宗法制度被推翻，人们在精神上失去了方向，不知该何去何从。从鲁迅的《呐喊》《彷徨》等作品中，都能看出这一点。

第二，重估一切价值。

尼采相信，即使虚无主义来临，人们也能凭借对过去价值的重估，建立起新的价值体系，获得生存下去的理由。他特别强调要摒弃对"绝对的对与错"的追求，不能像过去那样渴望信奉一些所谓的永恒价值，因为"绝对的对与错"和"永恒的价值"可能只是被虚构出来的。

从这一点可以体会到尼采哲学中的非理性主义元素，因为尼采所批评的"绝对的对与错"和"永恒的价值"，正是很多理性主义思想流派的主张。比如，柏拉图的理念论主张理念是永恒不变的、完美的真实存在。再比如，后来的基督教哲学主张绝对的善恶观。正是为了反对这些理论，尼采才会提出我们应该重估所有价值，打破那些虚假的思想。

尼采对非理性因素的推崇对后世影响深远，在西方 19 世纪末和 20 世纪初的艺术和音乐中，都可以看到尼采思想的影响。

第三，虽然虚无主义已经降临了，但我们应该秉持一种"积极的虚无主义"。

看了前面的介绍，你可能会觉得尼采好像在批评虚无主义。但实际上，尼采认为虚无主义有两种，一种是消极的虚无主义，另一种是积极的虚无主义。尼采批评的柏拉图主义、基督教哲学，还有叔本华的悲剧哲学，都是消极的虚无主义，会使人走向悲观和逃避。而积极的虚无主义，就是在否定了过去那些虚构出来的"永恒价值"后，还能凭借自身建立起新的价值。也就是说，上帝死了并不是一件可怕的事情，人们应该通过重新赋予生活意义来克服虚无主义，获得自由的精神。

三十多年前，也就是在我离大学毕业还有两年的时候，我第一次通过尼采接触到"积极的虚无主义"的概念。我因此懂得了不久之后自己将要面对一个陌生的世界，而过去十几年习惯的学校里的价值体系可能不适用了，今后要凭自身建立新的价值原则。相比于绝大部分人，我觉得自己非常幸运，能够在二十来岁的时候体会到这一点。尼采的思想还提醒了我，不要盲目迷信所谓的知识或真理，不要盲从宗教或道德权威，应该根据自己的心性发现事物的本来面目。

从时代的变化来看，其实每一代人都要经历"前一个上帝死了，要重估一切价值"的过程。比如，一个人长大后，小时候父母灌输的价值观可能就不再适用了，这时他就要重估各种价值。因此，社会的发展永远是一个伴随着抛掉原先很多传统观念、重建价值体系的过程。人生也是一样，我们每过几年都会遇到思想的危机，所以我们要尽早抛掉那些虚构出来的"永恒价值"，凭借自身建立起新的价值。

延伸阅读

［德］尼采：《快乐的科学》

《快乐的科学》原文节选：

你们是否听说有个疯子，他在大白天手提灯笼，跑到市场上，一个劲儿地呼喊："我找上帝！我找上帝！"那里恰巧聚集着一群不信上帝的人，于是他招来一阵哄笑。

其中一个问，上帝失踪了吗？另一个问，上帝像小孩迷路了吗？或者他躲起来了？他害怕我们？乘船走了？流亡了？那拨人就如此这般又嚷又笑，乱作一团。

疯子跃入他们之中，瞪着两眼，死死盯着他们看，嚷道："上帝哪儿去了？让我们告诉你们吧！是我们把他杀了！是你们和我杀的！咱们大伙儿全是凶手！我们是怎么

杀的呢？我们怎能把海水喝干呢？谁给我们海绵，把整个
世界擦掉呢？我们把地球从太阳的锁链下解放出来，再怎
么办呢？地球运动到哪里去呢？我们运动到哪里去呢？离
开所有的太阳吗？我们会一直坠落下去吗？向后、向前、
向旁侧、全方位地坠落吗？还存在一个上界和下界吗？我
们是否会像穿过无穷的虚幻那样迷路呢？那个空虚的空间
是否会向我们哈气呢？现在是不是变冷了？是不是一直是
黑夜，更多的黑夜？在白天是否必须点燃灯笼？我们还没
有听到埋葬上帝的掘墓人的吵闹吗？我们难道没有闻到上
帝的腐臭吗？上帝也会腐臭啊！上帝死了！永远死了！是
咱们把他杀死的！我们，最残忍的凶手，如何自慰呢？那
个至今拥有整个世界的至圣至强者竟在我们的刀下流血！
谁能揩掉我们身上的血迹？用什么水可以清洗我们自身？
我们必须发明什么样的赎罪庆典和神圣游戏呢？这伟大的
业绩对于我们是否过于伟大？我们自己是否必须变成上
帝，以便显出上帝的尊严而抛头露面？从未有过比这更伟
大的业绩，因此，我们的后代将生活在比至今一切历史都
要高尚的历史中！"

　　疯子说到这里打住了，他举目四望听众，听众默然，
异样地瞧他。终于，他把灯笼摔在地上，灯破火熄，继而

又说："我来得太早，来得不是时候，这件惊人的大事还在半途上走着哩，它还没有灌进人的耳朵哩。雷电需要时间，星球需要时间，凡大事都需要时间。即使完成了大事，人们听到和看到大事也需要假以时日。这件大事还远着呢！比最远的星球还远，但是，总有一天会大功告成的！"

人们传说，疯子在这一天还闯进各个教堂，并领唱安灵弥撒曲。他被人带出来，别人问他，他总是说："教堂若非上帝的陵寝和墓碑，还算什么玩意呢？"

主人道德和奴隶道德是什么

尼采要打破过去的所有价值，那怎么建立起新的价值呢？我们又要建立起怎样的新价值才能获得自由的精神呢？这就要说到尼采的另一个重要思想了，那就是"主人－奴隶道德说"。

"主人－奴隶道德说"最早出现在《善恶的彼岸》一书中，这是尼采在 42 岁，也就是 1886 年出版的一本著作。后来，在 1887 年出版的《论道德的谱系》一书中，尼采又对该理论进行了更全面的阐述。不过，在介绍这个理论之前，我们要先对尼采所说的"道德"做一个解释。

尼采所说的道德，并不是指我们常说的人们约定要尊重的准则和行为规范，而是指人对世界的态度，或者说世界观，以及在此之上形成的文化。尼采认为，道德可以分为两种，分别是主人道德和奴隶道德。

在尼采看来，价值观有好与坏的分别，凡是有助于自身追求卓越和超越自我的，就是好的价值。比如，高贵、坚强、强大都是好的，他把具有这种价值观的人称为主人。主人所具有的道德自然就是主人道德。如果一个人秉持主人道德，就要追求思想开阔、勇敢、诚实、守信，对自己的自我价值有准确的认识。

尼采认为，与上述价值相对应的软弱、懦弱、胆小、小气等就是坏的，有这种价值观就是精神上的奴隶的特征。奴隶对应的道德就是奴隶道德，具有这种道德的人遇事只是被动反应，他们是悲观主义者和犬儒主义者。不过，秉持奴隶道德的人并不只是逆来顺受，他们其实也在小心翼翼地通过求得强者的怜悯或者腐蚀强者来获得权力。比如，一个秉持奴隶道德的人可能会利用游戏规则的漏洞来谋求自己的利益。用俗话讲，就是在底下玩阴的，不光明正大。尼采用"实用性"来形容具有奴隶道德的人。相反，具有主人道德的人是有原则的。

举两个生活中的例子来说明一下。面对孩子升学的压力，如果父母坚持按照孩子本人的特点将他培养成才，不在意别人的议论，而且绝不做任何违规的事情，这就是主人道德的体现。但是，如果父母不顾孩子的个人特点和需求，盲目追随潮流去"鸡娃"，甚至为了分数投机取巧，这就是奴隶道德的体现。类似地，如果一个人对待周围的人大大方方、坦坦荡荡，总是本着合作的精神去解决问题，这就是主人道德的表现；但如果一个人笃信厚黑学和丛林法则，总是相信阴谋论，这就是奴隶道德的表现。

此外，关于主人道德和奴隶道德，还有几点需要注意。

首先，尼采所说的"主人"和"奴隶"并不是指一个人在真实世界中的身份，与一个人的身份高低、财富多少也没有关系。**一个人秉持哪种道德，并不取决于他的身份地位，而是取决于他行为中所蕴含的心态**。一个独断专行的国王，也可能被奴隶道德控制，因为他的所作所为可能是由怨恨和报复之心推动的，而非由光明正大的信念推动。相反，一个身处底层的贫民，也完全可能拥有主人道德。如果他总是自我肯定、主动积极地去做事情，他就具有主人道德。如果通读过尼采的著作，你就会发现他多少有一些贵族情结。虽然尼采一生都不富裕，但他始终都是精神上的贵族。这种精神贵族的表现和中国古代的士有很多相似之处，他们追寻的都是更崇高的理想信念。

其次，虽然尼采更欣赏主人道德，但他也认为奴隶道德中具有的韧性是值得肯定和学习的。在他看来，秉持奴隶道德的人虽然逆来顺受，但生命力顽强。人最好是能具有主人道德，大大方方地对人，遵守规矩做事。不过，如果你注意过自己身边的情况就不难发现，一个遵循某种道德原则做事的人，即便他遵循的道德原则是奴隶道德，也总比没有任何道德原则的人要好些。有些人完全没有道德原则，看似身段柔软，但在需要作出选择时，他们总是会选择最坏的结果，并且最终半途而废，或者总是原地转圈，因为他们只能看到眼前的利益。一个人但凡要做成一件事，但凡想走得远一点，或者找到一些伙伴一同做事，就一定要坚持一些道德原则。

最后，尼采讲的主人道德和奴隶道德的部分内容已经过时了，在读他的书时要注意这一点。比如，在人类历史上，直到尼采所处的时代，世界上发号施令的人一直是少数人，服从的人占大多数。尼采讲，"在自有人类以来的一切时代，均有人类群盲[1]（宗族、乡社、部落、民众、国家、教会），并且总是有跟为数甚少的命令者相比非常之多的服从者"。[2] 因此，尼采认为大多数民众是逆来顺受的，他们乐意接受一个强人或者明君的安排。但在今天，这种情况已经发生了改变。

关于"主人道德"，有人会觉得"主人"这个词听起来有点傲慢。结合上下文来看，我倒不觉得这个词傲慢。就我个人而言，拥有主人心态是一件好事，它不需要丰厚的物质条件和很高的社会地位，重要的是做人的原则和对世界的态度。不过，相比于尼采讲的"主人道德"和"奴隶道德"，我更愿意用"主

1　群盲的成员依附于一个群体，让这个群体来为自己代言。

2　[德]尼采：《善恶的彼岸》，赵千帆译，商务印书馆2015年版。

动心态"和"被动心态"来区别。对个人而言，能够做到以积极的态度去生活，赋予生命新的意义，以主人翁的心态看待问题、解决问题，就是真正理解了"主人 – 奴隶道德说"。

今天，在全世界的范围内，人们的物质生活水平已经比尼采所处的时代高出很多倍了。但是，这并没有改变很多人精神匮乏、道德沦丧的问题。对金钱的过度崇拜导致很多人没有原则，做事不择手段，似乎想要堂堂正正做人比尼采所处的时代更困难了。同时，我们身处互联网时代，获取信息比以前任何一个时代都容易，但很多人也因此失去了自我和创造力，娱乐至死的现象比以往任何时代都更普遍。尼采的哲学虽然有些方面有点极端化，但贯穿始终的是他对人生意义和个人价值的肯定，以及让人们以主人的心态面对社会。人在成了主人之后，接下来要做的就是超越自我。

延伸阅读

〔德〕尼采：《善恶的彼岸》

如何成为尼采所说的"超人"

　　尼采的著作中，最有代表性的一部是《查拉图斯特拉如是说》。这是尼采后期的作品，那时，他已经基本上切断了与叔本华的哲学联系。如果说之前尼采还对人生悲剧有一些悲观情绪，那么到了写作这本书时，他已经以"超人哲学"找到了积极对待人生悲剧的答案。

　　前面讲过，尼采年轻时身体就不好，后来又因为在普法战争期间参军而让身体状况恶化了，此后他一生都时常被病痛折磨。到三十多岁时，他每天一起床就处于一种浑身被病痛控制的状态。尼采不善交际，一生都没有太多朋友，特别是在和瓦格纳分道扬镳之后，他的朋友更是所剩无几。当然，在尼采晚年，丹麦著名文学评论家勃兰兑斯是他为数不多的挚友中的一位。勃兰兑斯和尼采有非常多的通信来往，还为尼采写过传记，而正是这些资料让我们今天得以全面了解尼采。

　　在学术方面，尼采的观点在当时也不是主流。他的书读者少得可怜，卖得最多的一本也只卖出了 2000 本，其他大多数只能卖出几百本。像《查拉图斯特拉如是说》这样重要的著作，出版后第一次印刷的数量甚至只有 40 本。然而，即便是在这种情况下，尼采依然在努力工作和思考。

可以说，尼采有点像罗曼·罗兰笔下那些真正的英雄——他们孤独，但却在充满市侩的社会上不断奋斗着。在这种背景下，尼采完成了他平生最重要的著作《查拉图斯特拉如是说》。

《查拉图斯特拉如是说》一共有四部分，前两部分是在尼采39 岁（1883 年）那年出版的。在随后的两年中，尼采写完了后两部分，但经过了一些波折书才得以出版。这时，距离尼采精神崩溃只有四年的时间了。从某种意义上说，《查拉图斯特拉如是说》可以被看成尼采对自己哲学所作的总结，它也是哲学史上一本举足轻重的著作。

在这本书中，尼采假借古波斯琐罗亚斯德教（Zoroastrianism，又称袄教或拜火教）创始人查拉图斯特拉之口，讲述自己的哲学思想。

一般认为，查拉图斯特拉这个人在历史上真实存在过，他创立的琐罗亚斯德教是古代很重要的一支宗教。Zoroaster（琐罗亚斯德）实际上就是"查拉图斯特拉"这个名字的希腊文版本。不过，由于文字记载较少，今天我们对历史上的查拉图斯特拉的生活细节所知甚少，只知道他大约生活在公元前 10 世纪

（历史学家的推测从公元前 16 世纪到前 6 世纪不等），出身于一个贵族家庭。

在查拉图斯特拉生活的年代，古波斯人信奉自然神教，崇拜太阳、月亮、水，特别是火，而且有很多繁琐的崇拜仪式。查拉图斯特拉原本可能是一位旧宗教的祭司，不过他对那些形式化甚至血腥的宗教仪式很反感，所以在二十多岁时决定离家出走寻找智慧。经过了大约十年的游历，查拉图斯特拉获得了某种启示，开始相信，有一个至高无上的智慧之神阿胡拉·马兹达，他则愿意做神的先知和布道者。后来，这一派宗教就被称为琐罗亚斯德教。传入中国后，它也被叫作祆教或者拜火教。

琐罗亚斯德教的哲学性很强，它的二元论教义对后世产生了很大的影响。在琐罗亚斯德教的教义中，有两位大神一直在彼此争斗，其中一位是代表智慧和善的神阿胡拉·马兹达，另一位则是代表邪恶的神安哥拉·曼纽。查拉图斯特拉讲，经过一万两千年善与恶的较量，代表善的阿胡拉·马兹达最终会战胜代表恶的安哥拉·曼纽，人类将进入光明、公正和理想的王国。那时，每个人的灵魂（包括过去死亡之人的灵魂）都将受到审判，根据每个人的思想、言语和行为，决定他是上天堂享受极乐，还是下地狱接受惩罚。这些思想对后来的犹太教、基督教和伊斯兰教都产生了很大的影响。

那么，尼采为什么要借这个人之口来讲述自己的哲学思想呢？通常认为有两个原因。第一，尼采是要借用琐罗亚斯德教的二元对立思想来阐述他哲学中的二元对立观点。二元对立思想在尼采的哲学中非常常见，上一节讲到的主人道德与奴隶道德的区分就是一个比较典型的代表。第二，在过去的基督教文化中，查拉图斯特拉的思想属于异端，而尼采要否定基督教宣扬的那些传统道德，于是就借查拉图斯特拉这个异端的名字来讲述自己的思想。其实，在这本书中，与其说查拉图斯特拉是历史上那个先知，不如说他就是尼采本人。

《查拉图斯特拉如是说》的写作采用了散文诗的体裁，文字非常优美。如果随便拿出一小段来读，你可能会觉得它像一首充满哲理的隽永的诗歌，非常好读。但如果从头到尾把整本书读完，你可能反而不知道它在讲什么了，这其实是因为这本书前后的逻辑性不强。下面，我们就把这本书的线索梳理一下，看看尼采到底讲了什么。

这本书的第一卷讲述了查拉图斯特拉在 30 岁时离开家乡和众人，独自到山上隐居。经过十年的悟道，他自觉已经得道，而且精神饱满，于是满怀信心地下山，向群众宣讲自己的主张。

尼采在书中写道："我想要赠送和分发，直到人群中的智者再一次为他们的愚蠢，穷人再一次为他们的财富而高兴。"[1] 可以看出，这时的查拉图斯特拉有一种救世主的心态。但是，查拉图斯特拉的说教并不受欢迎，因为大众不理解他。虽然他也赢得了一些弟子，但最终他还是决定和弟子告别，重返孤独。

到了书的第二卷，隐居的查拉图斯特拉梦见自己的学说被世人歪曲，于是再次下山去和各种各样的"现代人"争辩。这个争辩的过程，其实就是尼采对当时各种思想的批判。在第二卷末尾，查拉图斯特拉形成了一种新的思想，他称之为"永恒轮回"。为了完善这种思想，他再次隐居，回归孤独。至于"永恒轮回"，大意就是认为宇宙会以完全相同的形式不断循环，同样的事物会不断再次出现，就像尼采在这本书中所描述的：

> 万物皆去，万物皆回，存在之轮永恒转动。万物皆死，万物复苏，存在之年永恒地奔跑。
>
> 万物皆破，万物皆合；同样的存在之屋恒久地建造自己。万物皆分离，万物皆重逢，存在之环恒久地忠实于自己。

1　[德]尼采：《查拉图斯特拉如是说》，杨恒达译，译林出版社 2016 年版。本节其他引自该书的内容，也选自这个版本。

在当时，尼采这个观点是有科学理论支持的。19世纪中期，欧洲的物理学家认为，如果时空是无限的，那么相同形式的物质必然会无限次地重复。尼采将这个观点引入哲学，体现出了尼采哲学对生命本身深刻的热爱。在很多宗教中，人通常都希望下辈子能过得更好。尼采却讲，世界永恒轮回，生命总会重复，但即便如此，我们依然要爱这个世界。这无疑是一种更加深刻的热爱。

前两卷中查拉图斯特拉的经历，其实和很多人在精神上的成长过程类似。在学习、思考和顿悟之后，一个人就要回到现实世界。在现实世界，他们未必受欢迎。但是在与他人的接触中，他会进一步感悟真理。在我看来，孔子说的"知天命"也是这个道理。

到了书的第三卷，查拉图斯特拉对基督教传统、旧道德和当时的社会进行了猛烈的批判。在书中，尼采用三个很精彩的排比句表达了自己义无反顾、坚持真理的决心：

你走你的伟人之路：至今被称为你最终危险的东西，现在成了你最终的避难所！

你走你的伟人之路：在你身后不再有退路，这一定是你最大的勇气之所在！

> 你走你的伟人之路：在这里没有人偷偷跟在你后面！
>
> 你的脚磨灭了你身后的道路，路上面写着：不可能。

在书的第四卷中，各种各样的人物粉墨登场，有国王和各种统治者，有预言家、学者、精神魔术师，也有极丑的人和乞丐。但是，无论在做什么、地位如何，他们都是碌碌凡人；而尼采心仪的是"更高的人"，他们拥有主人的心态，就是尼采所说的"超人"。尼采讲，上帝死了，而超人活着。正是因为不再有上帝的约束，这些人才有新生。

超人是尼采心目中理想的新人类：他们宁可绝望，也绝不屈服；他们不要小聪明，能超越小德行，轻视那种由廉价品和舒适感构成的"大多数人的幸福"。这些超人必将受到苦难的折磨，但他们有鹰的勇气。只有以这种方式，人才能生活得最好。

有人觉得《查拉图斯特拉如是说》还应该有第五卷和第六卷，只是因为尼采后来精神出了问题，无法继续创作才没有写。但我认为，既然他已经在第四卷宣布了"上帝已死，超人活着"这个结论，全书也就应该结束了。

在读完尼采作品的多年之后，我看了瓦格纳的歌剧《尼伯龙根的指环》。到歌剧的第四部，神的世界崩塌了，人的世界获得了新生。这让我想到了尼采的《查拉图斯特拉如是说》。这本书其实采用了与瓦格纳的史诗一样的结尾：热爱绚烂的生命，嘲笑死亡，这是站起来的人对神和命运的蔑视，是超人精神的体现。

《查拉图斯特拉如是说》一书其实是在告诉我们应该做一个什么样的人，答案是尼采所说的"更高之人"。这样的人是纯粹的、高尚的，同时，要成为这样的人也是艰难的，因为这样的人不仅孤独，还要面对尼采所说的精神的荒芜，直面世界中黑暗的部分。但是，正如尼采所说："**其实人跟树是一样的，越是向往高处的阳光，它的根就越要伸向黑暗的地底。**"正是因为有了这样的人，世界才会变得更加美好。

延伸阅读

［德］尼采：《查拉图斯特拉如是说》

结语

　　尼采是有史以来被讨论最多的哲学家之一，他的哲学思想对后世的影响也是巨大的。尼采哲学诞生的背景是传统信仰滑坡，也就是"上帝死了"。随着工业文明不断发展，人们的财富不断增加，真正的自由和幸福却似乎离人们越来越远了。纯粹理性的模式压抑了人的个性，使人们丧失了思考的激情和创造的冲动。尼采是第一批看到这种近代文明问题的人，他担心人类生命的本能因此而萎缩，于是提出了非理性的酒神精神、主人道德和超人学说。

　　尼采哲学中对人价值的肯定和对个性自由的追求，启发了后来的存在主义哲学家。深受尼采影响的存在主义大师萨特就讲过，自由是人这个存在与生俱来的本质属性，我们无法摆脱，在任何艰难和无助的情况下，我们都有选择的自由！直到今天，西方文化最重要的特点依然是不断追求人的个性和创造力，不断否定前人和推陈出新。

　　尼采的哲学也启发了中国近代许多知识分子，包括鲁迅、茅盾等人。他们提出，人总是需要跨越自己的前辈，并且成为新人。他们这一批人也成了改变当时社会颓废风气的斗士。

直到今天，我偶尔重新翻翻尼采的书，重温他英雄主义的哲学人生观，也能提醒自己不做没有个性、没有主见的庸人，而要最大限度发挥自己的潜能和意志，去探索新的人生。

5

世界的本源是行为

"太初有为"（in the beginning was the deed）是《浮士德》中的一句话。作为歌德化身的浮士德，通过一辈子的求索悟出了一个道理——世界的本源是行为，而不是大道理。后来，在《哲学研究》一书中，20世纪著名的哲学家和语言学家维特根斯坦用这句话来阐述他对知识和宗教的看法，以及我们对世界应有的态度。

　　哲学发展到20世纪之后，触及了一个非常本质的问题：哲学是什么？它在所有知识体系中的位置在哪里？虽然我们常说哲学是所有学问之上最基础的知识，但如果真的是这样，为什么会有那么多无解的哲学问题，对知识的本质又为什么会有那么多彼此矛盾的观点？在这方面思考最深入的是维特根斯坦，他给出的解释非常具有颠覆性，也能给我们很大的启发。

维特根斯坦的哲学有何突破

　　很多人都会有一个疑问：为什么最有影响力的思想家，比如孔子、老子、佛陀、犹太教先知、苏格拉底、柏拉图和亚里士多德都出现在轴心文明时期（公元前 8 世纪到前 3 世纪），近代却没有出过这样的人呢？类似地，在科学领域，为什么最伟大的科学家，比如牛顿、麦克斯韦、达尔文和爱因斯坦，大多出现在从科学革命到第二次世界大战之前的时期，现在却没有这样的人了呢？其实，这主要是因为哲学中最简单、最容易理解的部分是在轴心文明时代奠定的，即便是近代的哲学，理解起来也要难得多，就更别说现代的哲学了。读一读各种哲学著作，你就会发现，笛卡尔和康德的书要比孔子和柏拉图的书难读得多，20 世纪哲学家维特根斯坦和萨特的书就更难读了。科学领域的成就也是一样，了解牛顿的物理学和达尔文的进化论，可比了解量子力学和分子遗传学容易多了。总的来说，人类知识中简单的部分早已被前人构建完成了，剩下的都是很难的部分，所以后人的理论难免曲高和寡。

哲学发展到 20 世纪，可以用"曲高和寡"来形容了。但是，这并不意味着近代的哲学家不伟大，只是对大多数人来说，他们的学说理解起来有点困难。事实上，任何时代都有神一样的人存在，维特根斯坦就是这样的人。用他的导师罗素的话讲，维特根斯坦是"天才人物的最完美范例"——富有激情、深刻、炽热并且有统治力。

1889 年，维特根斯坦出生于奥地利，后来入了英国籍。维特根斯坦出生于当时欧洲最富有的家族之一，他的父亲卡尔·维特根斯坦垄断了当时奥匈帝国的钢铁行业。有一种说法是，在当时的奥匈帝国，维特根斯坦家族的财富仅次于罗斯柴尔德[1]家族。第二次世界大战前夕，纳粹德国想侵吞他们家族存在瑞士银行的资产，其中仅黄金就有 1.7 吨之多。

除了经商，卡尔·维特根斯坦还是艺术家们的长期赞助人，大名鼎鼎的音乐家勃拉姆斯、马勒等人都是这个家庭的常客。维特根斯坦在单簧管上的造诣非常高，但他已经算是自己家里音乐水平比较差的了。另外，奥地利的很多文豪也经常和维特根斯坦家来往。维特根斯坦早年被认为有写作障碍，但他文笔

---

1 欧洲金融世家。在 19 世纪，罗斯柴尔德家族可以算当时世界上最富有的家族，同时也是世界近代史上最富有的家族。

其实相当不错，这和他从小受到的艺术和文学熏陶分不开。

维特根斯坦是家里八个孩子中最小的。他从小就跟着哥哥姐姐们在家里接受教育。不过，他们家庭教育的内容和当时正规中学的教学并不接轨，因此在考入林茨的一所中学后，维特根斯坦的成绩并不好。和他同时期上这所中学的还有希特勒，两个人年龄相同，但没有确凿的证据表明他们有过任何深入的交往。

维特根斯坦虽然不善于考试，却从小就爱好机械和技术，曾经渴望师从著名物理学家玻尔兹曼。但是在 1906 年，也就是维特根斯坦高中毕业时，玻尔兹曼自杀了，维特根斯坦的希望也就落空了。这一年，他前往柏林理工大学学习机械工程专业。当时飞机刚刚被发明出来，还是新鲜玩意儿，维特根斯坦对此产生了很大的兴趣。1908 年，他又进入英国曼彻斯特维多利亚大学学习航空工程空气动力学。学习空气动力学要精通数学，于是他对数学又产生了兴趣。

当然，维特根斯坦感兴趣的并不限于理解空气动力学所需的应用数学，他对最基础的数学也很感兴趣，这又让他触及了更底层的逻辑学。于是，维特根斯坦读了著名学者罗素与怀特海合著的《数学原理》，以及逻辑学家弗雷格的《算术基础》，并且对逻辑学产生了兴趣，他也因此认识了《算术基础》的作者弗雷格。

　　经过和维特根斯坦的交流，弗雷格发现维特根斯坦简直是个不世出的天才，于是把他推荐给了当时在剑桥大学三一学院做教授的罗素。虽然罗素比维特根斯坦年长近二十岁，但他与维特根斯坦相见恨晚，甚至说与维特根斯坦的相识是他一生中"最令人兴奋的智慧探险之一"。后来，罗素成了维特根斯坦的老师。

　　当时，很多数学家、哲学家和逻辑学家都在做一件事，就是把数学、哲学和逻辑学统一起来。比如，著名数学家希尔伯特就有一个大计划——试图通过逻辑和公理构建出所有的数学知识。罗素和维特根斯坦师徒二人则致力于哲学和逻辑学的研究。罗素提出了形式逻辑，也就是不依赖任何主观概念，通过符号建立一种纯粹的逻辑系统。人们日常使用的逻辑，比如三段论，都可以用形式逻辑来表述。此外，形式逻辑还是今天计算机科学的基础。

　　在研究逻辑学时，维特根斯坦开始思考非常深刻的哲学问题：哲学和逻辑学的相关性是什么？或者说，哲学是否也能像数学一样用逻辑来表述？又或者说，哲学问题能否通过逻辑找到答案？在罗素和维特根斯坦之前，没有人考虑过这个问题。当年亚里士多德也是把哲学和逻辑学完全分开的，他将哲学列入形而上学，将逻辑学作为工具。

在一次去挪威的旅行中，维特根斯坦发现，他拜访的那个挪威小镇与世隔绝，荒凉而又宁静，能够让人静下心来思考哲学问题，于是就在挪威生活了两年。

1914年，维特根斯坦回到故乡维也纳，正好赶上第一次世界大战，于是他主动参军，要求上前线。维特根斯坦这么做不是因为爱国，而是因为他觉得，人只有在面对死亡时，才能把很多终极的哲学问题想清楚。在战场上，维特根斯坦接受过很多非常危险的战斗任务，包括在战场无人区的观察哨为炮兵部队指引炮击方向等。后来，他又先后被派往对俄罗斯和意大利作战的前线，并获得了奥地利军队的带剑绶带勋章。

1918年夏天，维特根斯坦请了军假，在维也纳的一处避暑别墅完成了他的第一部学术专著《逻辑哲学论》。这本书不到80页，却是20世纪最重要的哲学著作之一。据说，维特根斯坦曾经给身在剑桥的老师罗素写信，说如果他不幸死于战场，请罗素务必要读完他的这部书稿。这本书可能很难懂，但是希望老师不要放弃，一定要读下去。当然，维特根斯坦并没有死于战争，《逻辑哲学论》的德文版于1921年出版，英文版也于1922年问世了。

第一次世界大战结束后，维特根斯坦受到布尔什维克共产主义思想的影响，希望为底层民众做点实事，而不是躲在城市里做学问。于是，他决定去做一名乡村小学教师。在乡村小学，维特根斯坦对学生们充满了热情，但家长们对他古怪的思想和做法不买账，甚至还报了警。在做小学教师"失败"后，维特根斯坦依然没有放弃通过劳动为底层民众做贡献的想法，于是他到一个修道院当园丁的助手，从事体力劳动。掌握了家族不少财产的他的姐姐玛格丽特担心他是不是精神出了问题，于是要求他协助设计并负责建造自己的一栋豪宅——这栋豪宅后来曾经被用作保加利亚驻奥地利的使馆。这项工作让维特根斯坦获得了建筑师的资格。

1927 年，维特根斯坦在维也纳认识了一群学者，这些人把他写的《逻辑哲学论》奉为圭臬。认识了维特根斯坦本人后，这些学者就邀请他参加学术圈的讨论，但他依然拒绝回到学术圈。真正让维特根斯坦回归学术圈的，其实是一件非常偶然的事情。

1928 年春天，维特根斯坦在维也纳听了数学家布劳维尔有关"数学、科学和语言"的一次讲演，之后他重新萌发了强烈的哲学探索的兴趣，于是在 1929 年回到了剑桥。因为维特根斯坦尚未取得博士学位，无法获得剑桥大学的教职，所以罗素就让他把修改后的《逻辑哲学论》作为博士论文提交上去，以获得学位。据说在论文答辩结束时，维特根斯坦拍了拍评审委员会一名考官的肩膀说："别担心，我知道你永远也不会明白。"获得博士学位后，维特根斯坦就留在了剑桥大学三一学院研究哲学。这一年，他 40 岁。

维特根斯坦并不是一个很安分的人，他能在剑桥专心做学术研究的一个重要原因是，德国纳粹政权在欧洲排犹，他回不去了，他的兄弟姐妹也因此四散到了世界各地。不过，在剑桥十几年的哲学研究让维特根斯坦感觉之前的很多想法似乎出了问题，不仅是他出了问题，而且是整个哲学从一开始就出了问题。于是，1947 年，他从剑桥辞职，专心思考和写作，直到1951 年去世，走完他传奇的一生。

维特根斯坦去世后，他的学生把他没有写完的著作整理出版了，这就是《哲学研究》一书。这本书中的观点和《逻辑哲学论》中的相差非常大，以至于罗素完全无法接受，两人甚至因为学术思想的差异导致了私人关系上的裂痕。但是，维特根斯坦认为他后期的哲学思想才是真正有价值的。今天，无论是哲学家、逻辑学家还是语言学家都承认，《哲学研究》中的思想不仅震撼，还具有划时代的意义。

延伸阅读

［英］瑞·蒙克：《维特根斯坦传》

语言的极限就是世界的极限吗

《逻辑哲学论》被认为是一本给语言学家、哲学家和认知科学学者带来了巨大启发的书。简单地讲，这本书说明了语言对思维、逻辑和哲学的作用。更具体地讲，就是语言是如何限制人们的思维的。了解这一点，不仅对于理解他人的思维很重要，也能让我们学会如何有效地使用语言。

在写这本书之前，维特根斯坦受到导师罗素以及哲学家叔本华、尼采的双重影响。罗素致力于将原来用自然语言描述的逻辑形式化，也就是用符号和类似于数学运算符的逻辑符号来表示。在这方面，罗素取得了巨大的成功。后来的语言学家们也致力于用符号表示人类的语言。比如，用符号来表示那些标准化的语法规则。再进一步，人们就会提出一个疑问：人的思维是否可以符号化？如果可以，那么理性就可以解决所有的问题。如果不可以，那么人类的理性就有边界。这个问题没人能够回答。罗素和希尔伯特等人当然希望理性的边界无限宽，但叔本华、尼采等哲学家，以及瓦格纳、歌德等日耳曼浪漫主义者显然不同意这种看法。维特根斯坦提出语言图像论，回答了有关理性边界的问题，而他的回答被认为是迄今为止最好的回答。

关于维特根斯坦的学说是如何形成的，一种广为流传的看法是，维特根斯坦对语言的思考受到了当时法国一则新闻的启发。那则新闻讲，一位律师在法庭上用模型还原了车祸的场景。维特根斯坦想，模型是虚假的、模拟的，之所以能够还原现实世界，是因为它和现实世界有联系。而我们之所以能够描述现实世界，也是因为我们有一个模型，这个模型就是语言。基于这种想法，维特根斯坦提出了语言图像论，这是他早期哲学的核心思想。不过需要注意的是，维特根斯坦所说的图像不是指我们平时看到的照片或者电脑上的图像，而是指语言和现实世界之间的对应关系，相当于数学上说的映射，或者哲学上说的表象。比如，我们说"汽车"这个词，就对应于世界上的一类事物。

当然，世界是复杂的、变化的，万物之间是相互关联的，但语言为什么能和现实世界相对应呢？维特根斯坦认为，这是因为语言和现实世界共享同一种东西——逻辑。**语言通过逻辑再现真实世界的图像**，这就是语言图像论的核心思想。

在语言图像论中，语句的含义和对错无疑非常重要。人类在使用语言描述世界时，最常用的一类句子叫作"命题"，它们是逻辑的基本单元，也是对世界的基本描述。所谓命题，就是能够判断真伪的陈述句。比如，你说"班上的同学这次考试都及格了"，这就是一个命题。但是，如果你问"班上的同学这次考试都及格了吗？"，或者感慨"啊，这次班上的同学考得真好！"这两句就不是命题，因为它们没有真伪可言。

在维特根斯坦之前的逻辑学家都认为，有些命题的真伪依赖于现实世界的实际情况，有些命题则本身就是对的或者错的，与现实世界的具体情况无关。比如，"班上的同学这次考试都及格了"，这个命题的对错取决于那次考试的成绩。但是，我们说"单身人士是不在恋爱或者婚姻状态的人"，这个命题永远是对的，和具体某个人有没有结婚无关。前面在讲莱布尼茨的充分性推理时说过，这种命题被称为永真真理。从本质上讲，数学上的所有定理都属于永真真理，不依赖于现实世界。此外，还有一些命题本身就是错的，也不依赖于现实世界。比如，我说"我今天会去卡巴地，并且我今天不会去卡巴地"，你不需要知道卡巴地究竟是什么，就能知道这句话是错的，这是一个矛盾句。

不过，与之前的逻辑学家、哲学家的观点有所不同，维特根斯坦特别指出，**除了依赖现实世界具体情况的命题，以及本身就能判断对错的命题，还存在第三种命题，就是没有意义的命题**。比如，很多哲学家讲，人的死亡是新的开始。在维特根斯坦看来，这个命题就没有意义，因为没有经历过死亡的人无法体会这一点，而一个人一旦经历了死亡，他就再也无法言说这一点。再比如，你和一个相信自己幻觉的疯子讲，他看到的幻象是不存在的。对他来说，这也是一个毫无意义的命题，因为你们两人的世界可能是不相容的，你们并不在同一个世界的基础之上对话。

就算是在平时的生活中，也经常会出现无意义的对话。比如，张三和李四经常讨论人道主义、正义、爱国、友谊等话题，但他们完全无法达成共识，最后总是以吵架收场。再比如，一对情侣在聊感情的事，他们也无法达成共识，最后只能说不聊这个了，然后互不搭理。这种现象，用维特根斯坦的语言图像论就很好解释。张三和李四、情侣之间在谈论这些话题时，各自在脑子里形成的语言图像不同。比如，张三认为人道主义就是重视人的自由和价值，李四则认为人道主义只是不让人饿死。因此，在他们看来，对方讲的话就是没有意义的命题。有些时候，他们的想法触及了各自能够使用语言表达的极限，于是这些想法无法表达出来，而接下来的沟通就是无意义的，因为他们不能互相理解。

很多人可能会认为，没法表达自己的想法是因为他们语文没学好，表达能力太差。但维特根斯坦告诉我们，即便是语言能力再强的人，也有表达不了的想法。这不是具体哪个人的问题，而是语言本身的问题——语言是有极限的。当然，每个人的语言极限是不同的。维特根斯坦讲过这样一句名言：“**我的语言的界限，意味着我的世界的界限。**”因为在你语言能力之外的世界，你是描述不出来的；而如果一定要描述，别人也会产生误解，或者觉得听起来毫无意义。

我在很多场合都谈到过一个观点：所有人都一定要学好语文，它比数学更重要，因为如果我们想表达的想法和感受超出了自己的语言能力，那么我们是完全不可能把它们表达清楚的。很多人一直有一个误解，就是认为数理化学得好的人更聪明、智力水平更高。其实人的智力水平是多维度的，按照美国著名教育学家和心理学家加德纳的话讲，人的智能是多元的，其中一个特别重要的维度就是语言能力。**语言能力的高低，决定了我们能够接受的世界的大小。**虽然我们都面对着同一个世界，但由于每个人的思维能力和表达能力不同，他真正能够看到和理解的世界只是其中的一部分，而语言能力决定了这一部分的大小。因此，在过去的几十年里，我虽然时常中断在数学、科技和金融方面的能力的提升，却一直提醒自己不能中断对语言能力的提高，并且不断争取接近这方面的极限。

在《逻辑哲学论》中，维特根斯坦写下了一句名言："**一切可以说的，都可以说清楚。对不可说的，我们必须保持沉默。**"[1] 这句话有两层含义。

第一层的含义是指出人类语言有其极限。也就是说，人类的一切，世界的一切，有一部分是可以用语言描述的，这部分必定能够被人描述清楚。比如，人类已经发现的数学规律、自然科学规律，以及已知的所有事实等，都被维特根斯坦归到了可以说的一类。当然，"可以说"是指人类有能力说清楚，并不等于具体某一个人能说清楚。比如，抽象代数中有关群、环、域的理论是可以说的，但不等于某个特定的人能搞懂它们。抛开那些可以说的事物，世界上还有一类客观存在的事物，比如艺术、情感等，是不可说的，说了也白说。对这类事物，我们就不要试图用语言去描述它们了。这是维特根斯坦这句话的基本含义。

但是，维特根斯坦这句话还有第二层含义，也是更深的一层含义——它指出人类理性的认知也是有极限的。在这方面，

1　[奥]维特根斯坦：《逻辑哲学论》，黄敏译，中国华侨出版社 2021 年版。

维特根斯坦可能是受到了尼采等人的影响。

在维特根斯坦之前的时代，科学家们希望通过科学研究解决所有问题。但维特根斯坦认为，理性，包括科学，不可能解决所有问题。在科学之外，还有价值问题、宗教问题，等等。理解了这一点，我们就能明白为什么很多技术明明已经实现了，却在当前无法应用到社会之中。比如，研制无人驾驶汽车，现在遇到的问题不是技术问题，而是大家从心理上是否愿意接受的问题。截至 2020 年，Waymo[1] 已经在美国测试了两千多万英里，没有出过严重的交通事故。而根据美国劳工部的数据，在美国，驾驶汽车，每一千万英里的累积里程，就会出现 20 次左右的严重交通事故，即有人受到重伤。只有财产损失，没有人员伤亡的交通事故更是多出一个数量级。因此，单纯看目前的无人驾驶技术，它已经比人安全大约两个数量级了。而且，早在 2018 年，Waymo 就做到了让无人驾驶汽车往返美国东西海岸两次（相当于往返哈尔滨和深圳两次），只需要人工干预一次，便利性也不容置疑。那么为什么这种汽车还不能大规模普及呢？这主要有两个原因。首先，民众普遍能够接受美国一年

1　Waymo 是一家研发自动驾驶汽车的公司。开始是谷歌创立的，后于 2016 年从谷歌独立出来，成为 Alphabet 公司旗下的子公司。

有 3 万多人死于汽车的交通事故，觉得人为疏忽是难以避免的，但绝大部分人却拒绝接受哪怕是一起自动驾驶带来的交通事故。其次，在出行的过程中有很多问题和驾驶无关，属于人与人之间沟通的问题，它们也不属于科学和技术的范畴。比如，在一个只能容一辆汽车行驶的单行的小巷子里，如果我故意站在无人驾驶汽车面前不让路，它就没办法了。它既不能退回去，也不能违反机器人第一定律——不得伤害人。相反，如果是人开车，遇到这种情况，他会下车和我交涉。如果我执意不让路，他可以打电话叫警察把我拖走，因为我违反了道路使用的约定。但是，这种处理办法不在科学范畴内。

另一方面，科学技术可以做到某件事，也不等于人就可以去做那件事，因为在现实世界中，科学之外还有伦理道德等问题。比如，我们不能随意克隆人类，不是因为科学上做不到，而是因为它不符合伦理，甚至可能会引起大的灾难。因此，人类除了关心那些和理性有关的方方面面，还要关心道德、伦理、宗教等方面。

今天西方的知识阶层对维特根斯坦评价很高，一个重要原因就是他提醒人们，在哲学和科学的疆界与理性的限制之外，还存在繁多的经验，人类需要面对价值的问题，以及涉及上帝与宗教的问题。对此，他指出一条明路："对不可说的，我们必须保持沉默。"

在完成《逻辑哲学论》一书时，维特根斯坦认为所有哲学问题都已有了答案，虽然哲学只是世界的一部分。不过，后来维特根斯坦觉得哲学的问题越来越大，甚至从一开始路就走错了。这又是怎么一回事呢？

延伸阅读

〔英〕瑞·蒙克 :《维特根斯坦传》

哲学"终结"了吗

维特根斯坦一生著作并不多，只有《逻辑哲学论》和《哲学研究》两本。《逻辑哲学论》是他前期的思想，他从语言的局限性出发，为理性划定了一个边界。在这个时期，他对哲学的态度基本是正面肯定的，甚至是尊崇的。但是，随着思考和研究的不断深入，维特根斯坦不仅对哲学有了和以前不同的思考，而且开始怀疑哲学本身，怀疑人类两千多年的哲学发展是否都走错了路，以至于让哲学成了空洞的形而上学。在这方面，他和尼采的想法颇有相似之处。

我们稍微回顾一下尼采的思想。尼采看到，科学革命和工业文明的发展让传统的权威、既定的信仰和过去的道德习惯都不复存在了，因此他说"上帝死了"，现在我们要重估一切价值，升华为新人类。尼采就像一位医生，发现人类社会老了、病了，然后开出了他的药方。他认为，既然当时的问题是理性主义走到了尽头，那么我们就需要重新回到尊重个人价值、激发人本身创造力的方面。

维特根斯坦的想法更进了一步，他发现哲学本身病了，也作出了自己的诊断。那么，在维特根斯坦看来，西方流传两千多年的哲学究竟出了什么问题？为什么会出这种问题？

"语言图像"和"语言游戏"

维特根斯坦还是从语言这个工具入手，他认为是**人对语言的不同理解误导了我们**。

在维特根斯坦之前，几乎所有哲学家都会认可一个事实：人可以通过自己的理性，诉诸语言来认识世界。为了做到这一点，人会为世界上所有的事物命名。事实上，任何一个学科的发展都是从命名开始的。比如，几何学要从有"点""线""面"这些几何体的名称开始；化学要从有"酸""碱"等基本概念开始；甚至《圣经》中也讲，上帝创造万物之后，要让亚当给万物命名。

一个事物有了名字，之后我们在思考的时候，就会用它的名称来思考了。比如，你说"北京的房子价格很高"，在说这句话时，"房子"在你脑中只是一个名称，你脑中并不会出现一座具体的有梁有柱的房子。听你说这句话的朋友，脑中想到的也是那个抽象的房子。如果在对话的时候，你想的是一栋具体的三层小楼，他想的是一个具体的四合院，那你们的谈话接下来就很有可能出问题。

不过，一个事物的名称除了是一个抽象的词语，同时还对应着一个真实、具体的形象。比如，一个包工头对建筑工人说，给我把房子砌整齐了，这时建筑工人想到的就是盖房子的具体行动。因此，维特根斯坦讲，**语言不仅能反映现实，还能创造行动，从而创造出事实**。后一点非常重要。他把语言的前一种功能，也就是从现实中抽象出概念的功能叫作"语言图像"，这就是上一节讲的内容；把语言的后一种功能，即创造行动的功能叫作"语言游戏"。语言图像就是描述现实、陈述命题的语言，语言游戏则是作为生活形式的语言。

维特根斯坦认为，之前哲学家的错误就在于混淆了语言图像和语言游戏，把作为生活形式的语言当成了描述现实的语言来讨论问题。比如，哲学家们经常讨论生命是什么。我们会说，如果浪费生命，生命就流逝了，就如同某个东西经过我身旁，然后远去、消失了。维特根斯坦认为，人们会这样思考，是因为使用了描述空间的语言来描述时间——"一个东西离我远去"是对空间的描述，而"生命流逝"应该是对时间的描述。哲学家在谈论生命时，却可能把二者混为一谈。很多无解的哲学问题就是这么创造出来的。

维特根斯坦讲，如果哲学家们小心审视自己使用的语言，会发现很多看似矛盾的"哲学问题"其实都不是问题。他拿弗洛伊德做比喻，说弗洛伊德是在治疗心理有疾病的人，那些病人生活在自己构建的矛盾中，而维特根斯坦所做的是治疗哲学本身。在维特根斯坦看来，过去的哲学家混淆了语言的两种属性，人为地制造出了矛盾的世界。很多哲学家穷其一生追寻那些看似深刻、无解的问题，不过是试图在矛盾中寻找真理罢了。

重估历史上的哲学

提出了语言游戏的理论之后，维特根斯坦把它作为工具，重新评估历史上的哲学。

从哲学诞生之初，哲学家就在不断追问各种事物的本原是什么。比如，苏格拉底就曾经追问到底什么才是虔诚，什么才是正义。有人回答他，我的父亲不敬神，我控告了他，这就是虔诚。苏格拉底讲，这只是虔诚的一个例子，不是虔诚的本质。

两千多年来，西方哲学不断追问万物的本质是什么。而维特根斯坦认为，这正是哲学的问题所在——我们怎么能假设万物都有所谓的本质呢？比如，爱的本质是什么？很多人说爱是一种互相倾慕的感情，人们渴望对方成为自己生活的一部分。

但是，父母儿与女之间的爱就未必如此了。黑格尔进一步把爱抽象成情感关系，但老师爱学生更多的是出于义务，而非情感。更具讽刺意味的是，如果两个相爱的人开始空谈爱的定义，那他们此时就恰恰停止了彼此相爱的行为。因此，维特根斯坦引用《浮士德》中的一句话作为座右铭——"太初有为"，一切的开端是行动，然后才有语言和思想。

　　既然先有行动，再有语言，那接下来的问题就是：语言能否准确地表达行动呢？这里的行动也包括我们的思维活动。维特根斯坦认为，很多时候这也是做不到的。比如，一个每天说"我爱你"的人，和一个从来不说"我爱你"，却用行动表达爱的人，哪个更爱对方呢？如果你认为只有能讲出一套有关爱的理论才能证明自己爱对方，那你就属于苏格拉底一派；如果你认为行动就是爱的证明，不需要给出爱的定义，那你就属于维特根斯坦一派。如果你觉得可以抽象地讨论爱人类，那你就属于苏格拉底一派；如果你觉得需要通过爱具体的人来爱人类，那你就属于维特根斯坦一派。换句话说，对于语言究竟能不能准确地表达行动这个问题，维特根斯坦的看法是否定的。

　　其实，这个问题也出现在数学领域。维特根斯坦和著名数学家、"计算机科学之父"图灵有一个著名的争论——我们应该说"发明"了数学定理，还是应该说"发现"了数学定理？图灵认为，应该说"发现"了数学定理或者数学规律，因为它们本来就在那里，是客观的。基于这种理论，数学就可以回溯到某些本原上，然后从本原出发构建出完备、一致的系统。著名数学家希尔伯特想做的就是这件事。维特根斯坦则认为，数学只不过是数学家们规定了某种原则，然后符合这些原则的结论就被认为是真理。因此，应该说是那些研究数学的人"发明"了数学定理或者数学方法。比如，笛卡尔把代数公式用几何图形表示出来，大家认可这种方式，我们就说笛卡尔"发明"了解析几何；同样，我们也说牛顿和莱布尼茨"发明"了微积分。

维特根斯坦说，如果大家没有共识和公认的原则，那就像是用一把有弹性的橡皮尺去量一个箱子的尺寸，每个人量出来的数据都不一样。而我们之所以能说出一个箱子的长宽高，是因为用刚性的尺子去测量。只有大家都认可这个规则，才能得出对箱子尺寸的表述。所以，脱离了数学家共同体的共识，就没有客观的法则。

维特根斯坦将这个观念进一步推广到了遵守规则上。他认为，无论是法律还是自然法则，它们之所以有意义，不是因为我们能讲清楚它们为什么"合理"，而是因为我们习惯于用它们来约束自己的行为。这一点，维特根斯坦是从尼采那里得到的启发。尼采认为，基督教不是内在的信仰，而是外在的实践；

有的基督徒连《圣经》都没有读过，却能按照基督教的教义生活。同样，一个人理解了知识的标志不是能够背诵这些知识，也不是能够把这些知识说给别人听，而是能够用好这些知识。

最后，维特根斯坦给出了他对哲学的终极看法——**世界上其实并没有哲学的位置**。为什么这么说？因为能够使用语言说清楚的事情，无论使用的是自然语言还是人造的数学语言、逻辑语言或者计算机语言，属于数学和科学的范畴；无法使用语言表达的事情，则属于艺术的范畴，这中间没有给哲学留下位置。也就是说，维特根斯坦花了一生的时间试图解决哲学的根本问题，最后却发现那些问题都是人类的庸人自扰，等于一个哲学家给传统哲学宣判了死刑。

维特根斯坦这个观点对整个思想界的冲击可想而知，就连他的导师罗素也无法认同，以至于和他的个人关系都破裂了。不过，维特根斯坦的理论确实振聋发聩，直到今天，进行哲学研究的人都绕不开他。维特根斯坦开创的哲学门派被称为分析哲学，强调语言和逻辑对哲学的影响。这也是第二次世界大战之后直到今天，西方大学，特别是英语国家哲学研究的主流。

至于维特根斯坦的哲学为什么前后有这么大的变化，有一个人起到了二传手的作用，那就是英国数学家和哲学家弗兰克·拉姆齐。拉姆齐比维特根斯坦小 24 岁，他受到罗素和维特根斯坦的影响，把语言和哲学的关系研究得更透彻。之后，维特根斯坦在和拉姆齐的交流中又受到了新的启发，把哲学从纯粹、抽象、完全合乎逻辑的知识结构拉回到现实生活中，也就是他所说的太初有为。非常遗憾的是，拉姆齐只活了 27 岁，他的使命仿佛就是给维特根斯坦做一次二传手。

维特根斯坦哲学的现实意义

我接触到维特根斯坦的思想是在约翰·霍普金斯大学读书的时候。从事人工智能，特别是自然语言处理研究的人，如果想成为顶级学者，就必须对语言、逻辑和哲学有深刻的理解，否则最多只能成为手艺还不错的工匠。这也是很多普通学者和世界一流科学家之间的差距。因此，在学校里，我们同学师友之间经常会谈到维特根斯坦、乔姆斯基和图灵等人。相比于其他学术泰斗，维特根斯坦更能给人思想上的启发。

比如，虽然维特根斯坦主要探讨的是哲学和理性的问题，但他提醒我们重新审视人类认知、道德价值判断和有效交流的问题。举一个具体的例子。只有理解了理性的边界和理性主义认知方法的边界，才能知道人工智能的边界在哪里，因为它是在理性之内的。知道了边界，才能做正确的事情，而不会去构建没有基础的空中楼阁。类似地，一个投资人，只有知道理性的边界在哪里，才能理解市场的不理性特点，并且基于这个特点作出正确的判断。在生活中，我们只有理解了人类的不理性，才能清楚跟什么人可以讲道理，跟什么人相处最好的做法就是彻底忽略他们的存在。

再比如，维特根斯坦指出了语言在思维上的作用和局限性。一方面，我们都应该清楚，我们的抽象思维离不开语言这个媒介。你可能经常看到，有人在思考时会喃喃自语，其实这就是语言对思维的影响。另一方面，不同人对语言的不同理解妨碍着我们的交流。语言能力不足，会妨碍我们的思考和行动。举个例子，对有些能熟练掌握两种或者多种语言的人来讲，他们的思维会在不同语言之间切换，有些问题只能用特定的语言才能想清楚。这些人的思维边界比只能讲母语的人更宽。可以说，一个西方人即使再聪明，如果不会中文，也无法理解李白、杜甫诗中的含义；类似地，如果一个中国人的英语水平还停留在外语水平，那就很难读懂莎士比亚的著作。

对我来讲，维特根斯坦的思想让我触动最大的是"太初有为"这句话。结合他整体的思想，我们可以把这句话理解为行动先于语言，先于抽象的概念。并非所有的时候，我们都能寻找到事情的本源，再从本源出发做事情，而是得先把事情做起来。世界上绝大部分发明家都是行动派，他们很多时候其实并不知道什么样的发明最好，但是他们一直没有停止行动，一直在科学试错，最终可能因为行动而理解了要发明东西的本质。不过，外界会把他神化，会强调其中戏剧化的成分，好像他们总是因为灵光一现看到了别人看不到的本质。当然，行动需要围绕一个中心进行，并非所有的行动都是有意义的。今天，全世界大部分人都认可，人的存在本身和人的价值应该是我们行动的出发点和目的。从这个角度讲，被看成存在主义的哲学基础的维特根斯坦和尼采的理论，至今依然有它们的现实意义。

延伸阅读

　　［英］瑞·蒙克 :《维特根斯坦传》

结语

就如同希尔伯特重新审视数学、尼采重新审视价值一样，维特根斯坦重新审视了哲学。

从最初的关注宇宙，到关注获得知识的方法，再到关注我们自身，哲学经历了两千多年的进化。近代以来，哲学一直在为人们获得自由、彰显个性提供理论根据，特别是当工业文明导致人的自由被社会集约化和追逐利益的商业化所伤害时，哲学家们关注的焦点变成了人类自身的情绪感受、快乐和幸福。在欧洲大陆国家，这表现为以叔本华、尼采、海德格尔、萨特等为代表的存在主义；在英语国家，这表现为以罗素、维特根斯坦为代表的分析哲学。

与在书斋里咬文嚼字的哲学家有所不同，维特根斯坦最终认识到"太初有为"的意义，抛弃了那些人为创造出来的、无病呻吟的哲学问题，让我们关注具体的行动，而不是抽象的概念。维特根斯坦的哲学思想和尼采的哲学一样，都具有无比强大的冲击力，在打击我们脆弱神经的同时，也带给我们新生。尼采向世人发出"上帝死了"的呼声，宣称旧的道德观和价值观必须被彻底摧毁，让我们重估一切价值。维特根斯坦则告诉我们理性的边界，指出对不可说的，我们必须保持沉默。他们两人的共同特点，就是都主张以人自身作为自己存在的意义和价值的基础。

后 记

　　黑格尔把历史分为三个层次，自然的历史、反省的历史和哲学的历史，其中哲学的历史是最高的。所谓自然的历史，就是我们平时所说的历史，各种历史故事和事件都属于这一类。反省的历史是人类对历史经验教训的总结，我们说以史为鉴，就是指反省的历史。哲学的历史包括文明的历史、科学的历史、思想文化的历史，等等，这才是人类发展到现在最有价值的部分。人类所创造的文明以及全部的知识，都在其中。在我读的各种书中，最有价值的当属历史上这类著名思想家的著作，以及关于那些思想家、哲学家的传记。这些书不会教人如何挣钱，不会直接帮人解决生活中的具体问题，却能教给人智慧，因为那些书中浓缩了人类文明成就的精髓和人类思想的结晶。

　　从大学时代，我就开始系统地阅读这类哲学著作和思想家们的经典著作，并且在生活和工作中去体会他们的思想，将他们的思想作为工具理解身边的世界，解决日常遇到的各种问题。如果没有从那些书中学到的思想，我能取得的成就可能连现在的十分之一都没有。

2014 年离开谷歌之后，我有了一些闲暇时间来阅读和思考。于是，我开始把过去读过的各种哲学著作重读一遍，对于那些过去只读过中译本的书，我也找来英文版本读——虽然很多哲学著作的原文并不是用英语写成的，但从其他欧洲语言翻译到英文，远比翻译到中文能更好地保持原意。为了把一个思想家的思想放在相应的时代背景和历史环境中去理解，我又读了很多思想家的传记。在每日的生活中，我时常受到先贤们的思想和智慧的启发。后来，我有了用通俗的语言将先贤们的哲学思想分享给大家的想法。而做这件事先要对那些思想做一个系统性的整理，但我总被工作中的各种琐事打断，一直没有去做。

2020 年全球疫情期间，我有将近半年的时间一直待在家里，这让我能够系统地整理自己的阅读心得，并做了充分的笔记。正巧得到 App 邀请我开设《硅谷来信 3》的专栏，于是我就把自己阅读上述书籍时记录的笔记，与过去思考的一些哲学和方法论的问题，以及我在实践中的一些体会相结合，以专栏的方式呈现给了广大读者。相比那一季来信中的其他内容，我觉得和思想、哲学有关的这部分内容是最有特点，也最为深刻的。

在《硅谷来信3》的创作过程中，"得到"创始人罗振宇、CEO脱不花、内容品控负责人之一的李倩、课程编辑陈珏和杨露珠都做了大量的工作。从内容策划到编辑校对，他们给我了很多帮助。"得到"的其他专栏作家，如刘润老师、陈海贤老师、贾行家老师、诸葛越老师、施展老师、卓克老师和王太平老师，对我本人和这个专栏给予了巨大的帮助和支持。至今，三季《硅谷来信》专栏累计有近40万人次订阅了。很多订阅者经常来这个专栏的文章下留言，给了我非常有价值的反馈。通过和他们交流，我也受益匪浅。

在《硅谷来信3》结束之后，我将其中关于先贤思想和智慧的内容进行了整理和再创作，写成了《境界》这本书。而在本书的创作过程中，"得到"图书业务的负责人白丽丽和编辑王青青帮我把专栏内容改编、扩充为正式的图书，她们参与了本书从选题策划、文稿整理到编辑、校对的全部工作。在此，我向他们表示最衷心的感谢。

最后，我也要感谢我的家人对我开设《硅谷来信》专栏和创作这本书的支持。作为我的第一批读者，她们给予了我很多反馈和建议。

　　《硅谷来信》专栏和《境界》这本书，是从我个人的视角来解读各种问题和现象，因此难免存在很多局限和不足之处。对于很多问题的看法，本书也只是抛砖引玉，希望读者朋友斧正，更希望大家发表自己的见解。

图书在版编目（CIP）数据

境界 / 吴军著 . -- 北京：新星出版社，2024.1
ISBN 978-7-5133-5371-7

Ⅰ . ①境… Ⅱ . ①吴… Ⅲ . ①成功心理 – 通俗读物 Ⅳ . ① B848.4–49

中国国家版本馆 CIP 数据核字 (2023) 第 217544 号

境界

吴军　著

责任编辑	白华召	**封面设计**	周　跃
策划编辑	白丽丽　王青青　宋如月	**版式设计**	书情文化
营销编辑	吴　思　wusi1@luojilab.com	**责任印制**	李珊珊

出 版 人 马汝军
出版发行 新星出版社
　　　　　（北京市西城区车公庄大街丙 3 号楼 8001　100044）
网　　址 www.newstarpress.com
法律顾问 北京市岳成律师事务所
印　　刷 北京盛通印刷股份有限公司
开　　本 880mm×1230mm　1/32
印　　张 10.75
字　　数 186 千字
版　　次 2024 年 1 月第 1 版　2024 年 1 月第 1 次印刷
书　　号 ISBN 978-7-5133-5371-7
定　　价 79.00 元

发行公司：400-0526000　总机：010-88310888　传真：010-65270449